"十四五"时期国家重点出版物出版专项规划项目

先进制造理论研究与工程技术系列

聚脲轻量化抗弹抗爆防护研究

张 鹏 著

U0312036

哈尔滨工业大学出版社

内 容 简 介

本书系统地介绍了聚脲涂层防护结构在破片侵彻与爆炸冲击波作用下的防护性能与响应机制。全书共 5 章，内容主要包括绪论、聚脲材料与涂层防护效应研究、聚脲涂覆结构抗弹防护性能与机制研究、聚脲涂覆结构抗爆防护性能与机制研究、总结与展望。本书是作者在本领域多年科研工作的分析总结，其内容覆盖了聚脲轻量化涂层在毁伤防护领域的多个知识专题及其发展方向。

本书适合高等院校相关专业的研究生和高年级本科生阅读，也可供从事装甲防护材料与结构、弹药战斗部毁伤效应研究的科技工作者和工程技术人员参考和使用。

图书在版编目（CIP）数据

聚脲轻量化抗弹抗爆防护研究 / 张鹏著. — 哈尔滨：哈尔滨工业大学出版社，2022.12

（先进制造理论研究与工程技术系列）

ISBN 978-7-5767-0478-5

Ⅰ．①聚… Ⅱ．①张… Ⅲ．①聚脲-涂层保护-研究 Ⅳ．①TJ9

中国版本图书馆 CIP 数据核字（2022）第 245693 号

策划编辑　王桂芝
责任编辑　刘　威　张　荣
出版发行　哈尔滨工业大学出版社
社　　址　哈尔滨市南岗区复华四道街 10 号　邮编 150006
传　　真　0451-86414749
网　　址　http://hitpress.hit.edu.cn
印　　刷　哈尔滨圣铂印刷有限公司
开　　本　720 mm×1 000 mm　1/16　印张 9　字数 145 千字
版　　次　2022 年 12 月第 1 版　2022 年 12 月第 1 次印刷
书　　号　ISBN 978-7-5767-0478-5
定　　价　58.00 元

（如因印装质量问题影响阅读，我社负责调换）

前　言

聚脲涂层研究对现代水面舰船装甲的轻量化防护具有重要理论意义和工程应用价值。本书以聚脲材料作为钢板/箱结构的防护增强涂层，开展了对聚脲涂覆结构抗弹性能与抗爆性能的研究，根据试验测试结果，对聚脲涂覆结构的抗弹性能与抗爆性能进行了评估，阐述了涂层类型与涂层位置对抗弹抗爆性能的影响规律以及防护机制。主要工作与结论概括如下：

（1）为满足舰船装甲防护结构兼顾抗弹抗爆防护需求，本书提出了多种载荷类型条件下聚脲涂覆结构抗弹抗爆性能研究的试验方法，包括聚脲涂覆钢板结构抗低速弹体侵彻试验、抗高速弹体侵彻试验，聚脲涂覆钢板结构空爆载荷试验以及聚脲涂覆箱体结构内爆载荷试验。试验结果表明，在已定载荷形式与材料类型情况下可确定最佳涂层位置，在以应变率为主导因素的抗弹防护中迎弹面涂层增强效果高于背弹面涂层，而在以波阻抗为主导因素的抗爆防护中背爆面涂层增强效果高于迎爆面涂层。

（2）以等重防护增强与增重防护增强为涂层应用条件，本书设计了聚脲涂层与钢质底材组成的多种类型复合结构，以无涂覆底材为基准，分别对应相等面密度与相等厚度底材的聚脲涂覆结构。采用低硬度、高伸长率的软质聚脲为防护涂层，在相等厚度底材条件下，软质涂层能够提高涂覆结构抗弹性能和抗爆性能；相等面密度条件下，软质涂层能够提高涂覆结构抗弹性能，但迎弹面涂层不能提高涂覆结构抗爆性能。通过数值仿真方法对聚脲涂覆结构抗低速弹体试验结果进行了验证。

（3）为分析聚脲力学性能与防护性能及机制间的关系，本书引入了高硬度、低伸长率的硬质聚脲作为对比涂层，组成相等厚度底材的聚脲涂覆结构进行试验研究。

在抗弹试验中，迎弹面软质涂层主要以玻璃化转变与横向扩散的方式吸收弹体动能，硬质涂层通过较大面积脆性破碎失效进行吸能，且抗弹性能提升高于软质涂层，但背弹面硬质涂层的提前失效不利于能量吸收，因此抗弹性能提升低于软质涂层。在抗爆试验中，迎爆面涂覆时硬质涂层抗爆性能提升低于软质涂层，但背爆面涂覆时硬质涂层抗爆性能提升高于软质涂层。

（4）基于对聚脲涂覆结构抗弹抗爆试验结果与机制分析，形成了聚脲涂层的装甲防护应用技术，指出聚脲涂层因载荷形式、材料类型、涂层位置的不同存在防护性能与防护机制的差异，对于弹体侵彻与爆炸冲击波，主要区别在于加载应变率与加载面积的作用方式；对于软质聚脲与硬质聚脲，主要区别在于橡胶态与玻璃态的响应状态。聚脲涂层的材料类型、涂层位置与涂层厚度等的合理配置，能够有条件地实现并兼顾聚脲涂覆结构抗弹与抗爆性能的防护增强。

本书对聚脲涂覆结构抗弹抗爆性能与机制研究所得的结果与结论，对聚脲涂层的相关装甲防护应用具有一定的参考意义。

本书内容依托的科研项目：国家自然科学基金项目（项目编号：11402027）；山西省基础研究计划（自由探索类）青年科学研究项目（项目编号：202103021223198）；山西省 2021 年第一批优秀博士/博士后科研启动项目（项目编号：98001325）；中北大学 2020 年第三批高层次人才科研启动项目（项目编号：11012902）。

由于作者水平有限，书中难免有不足之处，恳请各位专家、学者不吝指正。

作　者

2022 年 10 月

目　　录

第 1 章 绪论

1.1 研究背景和意义

进攻与防守是战争永恒的主题，现代战争的攻防作用同样关键。随着高新技术弹药不断涌现，战争对坦克、舰船、飞机等各类武器装备的防护要求越来越高，出现了陶瓷、纤维增强复合材料、高分子聚合物等防护材料以及相应的装甲防护技术。聚脲作为"911"事件后美国五角大楼防护升级的重要材料之一，其抗弹抗爆防护研究与应用在装甲防护领域中得到广泛重视。

聚脲是近年来用于实现轻量化防护的材料之一，多以附着涂层的形式与防护底材组成复合结构，用以应对战斗部爆炸效应下的冲击波加载与破片侵彻以及枪弹侵彻等毁伤威胁。聚脲材料在防护应用中以喷涂聚脲成型为主，最早由美国于 1986 年研发成功，用于桥梁与路面防水以及钢结构防腐等民用领域。21 世纪初，美国空军、海军和陆军陆续将聚脲材料应用于混凝土建筑、装甲车辆以及舰船等的防护上，并起到了良好的效果。国内对于聚脲材料的研发与应用日益扩大，除防水、防腐、保温等常规应用之外，用于抗弹防护与抗爆防护等特种应用方面也开始进行相关研究，但尚未形成体系，因此，针对性、科学性地开展聚脲涂层的抗弹抗爆防护应用研究，对促进装甲建设发展具有重要的现实意义。

1.2 国内外研究现状

聚脲材料在抗弹与抗爆防护中通常用作涂层，并以实现所构成复合结构的防护轻质化与高效化为最终目的，相关研究可对应分为聚脲涂层的抗弹防护研究与聚脲涂层的抗爆防护研究两部分。

1.2.1 聚脲涂层的抗弹防护研究

根据弹体类型的不同，聚脲涂层抗弹防护的国内外研究现状主要分为聚脲涂层抗枪弹防护研究现状，聚脲涂层抗破片模拟弹丸防护研究现状，聚脲涂层抗其他类型弹体防护研究现状以及聚脲涂层抗弹防护机制研究现状 4 个部分。

1. 聚脲涂层的抗枪弹防护研究现状

枪弹是最为常见的反装甲弹药之一，一般分为普通枪弹与钢芯穿甲弹两大类，前者能够对轻装甲防护造成一定伤害但不具备穿甲功能，后者穿甲功能强并能够对标准均质装甲钢板等防护结构形成有效威胁，聚脲涂层抗枪弹防护性能的研究主要围绕钢芯穿甲弹侵彻金属材料装甲的背景开展。

澳大利亚墨尔本大学 MOHOTTI D. 等进行了聚脲涂层对铝合金板抗枪弹防护性能影响的试验与数值仿真研究，通过制式钢芯穿甲枪弹贯穿不同类型靶板并测定剩余速度的方法，得到了聚脲涂层厚度与位置对复合结构抗弹性能的影响规律。试验采用北约标准 5.56 mm 口径制式钢芯穿甲枪弹，并以对应的欧洲抗弹标准确定了枪弹射击距离与入射速度分别为 10 m 与 945 m/s，靶板分别由 5 mm、8 mm 厚铝板与 6 mm、12 mm 厚聚脲涂层构成多种类型层叠板结构，其中聚脲涂层分别为背弹面层、中间层或两者共存的形式，枪弹与靶板典型破坏情况如图 1.1（a）所示。试验结果详细描述了靶板各层材料的失效模式，根据枪弹贯穿靶板前后的速度变化，从单位面密度速度降、单位质量动能衰减、单位面密度动能吸收等多种角度对比分析了靶板的抗弹性能差异。试验结果表明：聚脲涂层的单位面密度能量吸收能力要高于铝合金板；当聚脲为背弹面涂层时，厚度越大，结构抗弹性能越好；当聚脲为中间层时，厚度越大越不利于结构整体抗弹性能。

美国密西西比大学 CAI L. G. 等以增强钢轨式液氯存储罐抗枪弹防护能力为目的，对迎弹面聚脲涂层钢板结构的抗弹性能进行了试验与数值仿真研究。试验枪弹为 12.7 mm 制式钢芯穿甲弹，迎弹面涂层为纳米颗粒增强型聚脲材料，钢板与涂层厚度分别为 19.05 mm 与 12.7 mm，通过测定靶板弹道极限对比无涂层钢板与迎弹面涂层钢板的抗弹性能，枪弹与靶板典型破坏情况如图 1.1（b）所示。研究结果表明：在钢板厚度一致的情况下，迎弹面涂层并不能提高钢板的抗弹性能，但聚脲涂层展现了良好的自愈合能力，使得涂层穿孔尺寸大大缩小，相比于钢板穿孔，聚脲涂层限制罐内液体外流的作用明显。

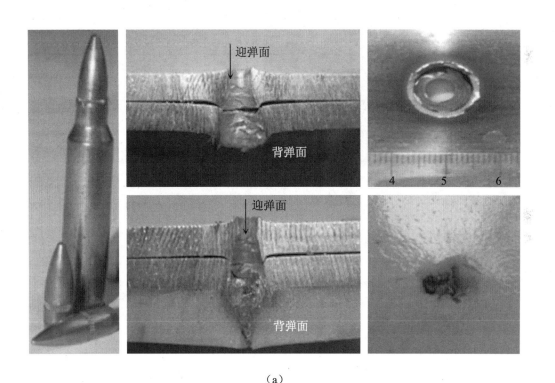

（a）

图 1.1　5.56 mm、12.7 mm 枪弹与靶板典型破坏情况

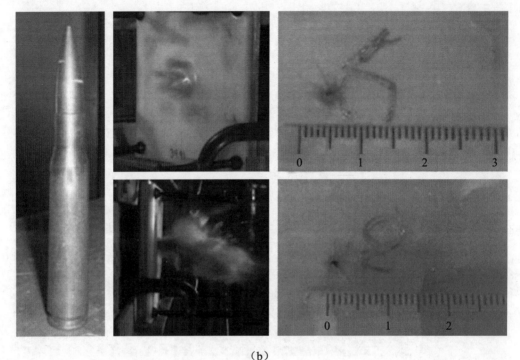

（b）

续图 1.1

2. 聚脲涂层抗破片模拟弹丸防护研究现状

通过爆炸效应产生高速破片进行杀伤与破坏是战斗部毁伤形式之一，对战斗部形成的破片按照质量、速度及形状等分类分级而后进行重点防护与最低防护，是检验装甲能否抵御该类威胁的重要手段与研究方法之一，其中以方形与柱形破片以及破片模拟弹丸等钝头弹体作为标准弹体加载靶板最为典型。

美国海军研究实验室 ROLAND C. M. 与美国海军水面作战中心 GAMACHE R. M. 等对聚脲涂层抗破片防护研究最为全面，研究重点围绕迎弹面涂层在柱形钝头弹体高速加载下对均质装甲钢板抗弹性能的提升以及对应的防护机制。研究试验中突出了聚脲涂层的作战防护应用目的，测试方法与钢板选材依据 Mil-Std-662F、Mil-DTL-12560 等美国军用标准以及其他相关标准执行，聚脲材料由美国陶氏化学公司与空气化工产品公司的产品组分合成，获得的试验结果主要包括破片速度数据与靶板失效形态等，除利用高速摄影技术与数字图像关联技术（digital image correlation，DIC）等强化试验结论外，还结合介电损耗测试和原子力显微镜测试等交叉学科技术深化结论分析。

上述研究内容具体如下：采用 12.7 mm 直径的破片模拟弹丸高速加载并获得无涂层钢板和迎弹面涂层钢板结构的弹道极限，撞击速度范围为 800～2 000 m/s，钢板厚度包括 5.1 mm、6.4 mm 与 12.7 mm 三种，涂层厚度范围为 6～19 mm。采用聚脲等多种聚合物材料作为迎弹面涂层，证明了玻璃化转变效应下聚脲涂层的高效吸能作用，通过不同金属材料和表面处理方法形成多种强度与硬度的对比底材，证明了底材表面硬度对涂层形成有效支撑的重要性，通过测量钢板穿孔尺寸差异与有限涂层面积的方法，证明了涂层的横向扩散效应同样能够提高结构抗弹性能，以及聚脲材料纳米增强与薄片化增强等，如图 1.2 所示。研究涉及的测试与分析方法以及所得试验结论对聚脲涂层的抗弹防护研究与工程应用具有重要的指导意义。针对美国海军研究中心与海军水面作战中心研究中得到的聚脲玻璃化转变效应的抗弹防护机制，美国克莱姆森大学 GRUJICIC M. 等对其形成过程与形成条件进行了数值仿真研究。研究结果表明：玻璃化转变温度与实验温度的差异对聚脲力学响应影响显著，当两者相差较大时聚脲表现出橡胶态行为，而当两者相近时聚脲表现出玻璃态行为。

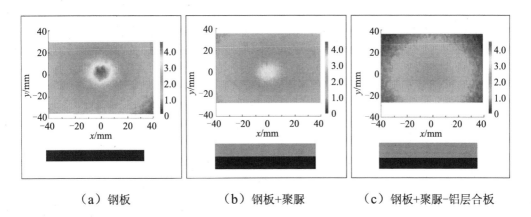

（a）钢板　　　　　　（b）钢板+聚脲　　　　（c）钢板+聚脲-铝层合板

图 1.2　DIC 技术下无涂层、迎弹面涂层与增强涂层钢板的受载情况

3. 聚脲涂层抗其他类型弹体防护研究现状

除枪弹、破片模拟弹丸等常规性抗弹性能测试用弹体外，对于侵彻型战斗部或飞板撞击等特定防护用途的研究也采用对应的刚性弹体进行模拟加载，通常具有尺寸大、质量大、速度低等特点，相比枪弹与破片对防护装甲形成的贯穿性破坏，该类弹体撞击下装甲板会产生大范围的塑形变形失效。

美国西北大学 XUE L. 等通过 145 g 尖头和平头两种弹体在多种速度范围条件下分别加载由 11.18 mm 厚聚脲涂层与 4.76 mm 厚 DH-36 钢板组成的背弹面涂层和夹心涂层复合结构，如图 1.3 所示，研究得到了钢板层与聚脲层的能量吸收与失效模式差异，并以此分析与说明其抗弹机制。主要结论为：背弹面涂层对能量的损耗主要通过其拉伸变形，且在钢板被完全侵彻时才会产生，尖头弹体撞击时涂层能够延缓钢板失效；弹体撞击速度大于弹道极限时，平头弹体撞击下聚脲涂层的能耗百分比更高，但尖头弹体撞击下背弹面涂层对结构弹道极限提升幅度较高，主要原因为钢板能耗增加；相比背弹面涂层，聚脲涂层作为夹层并不能明显提高结构弹道极限。

澳大利亚墨尔本大学 MOHOTTI D. 等研究了聚脲涂层铝板结构抗低速弹体冲击性能，涂层位置限制为迎弹面，涂层厚度分别为 6 mm、12 mm，铝板厚度分别为 3 mm、5 mm，直径为 37 mm、质量为 5 kg 平头圆柱弹体以 5～15 m/s 的速度撞击靶板，试验结果以铝板背部变形程度衡量其抗弹性能，得到了迎弹面涂层能够明显减小铝板变形且涂层越厚效果越佳的结论。类似研究还有哈尔滨工业大学 JIANG Y. X. 等采用落锤试验对聚脲涂层钢板结构进行加载，其加载效果与平头圆柱弹体一致，结果表明：聚脲涂层能够有效提高钢板的能量吸收能力，在涂层厚度保持一致时提高效果由高到低依次为迎弹面涂层、双面涂层、背弹面涂层。

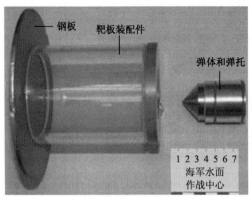

（a）试验装置

（b）弹体和靶板

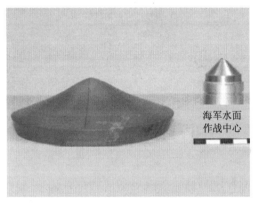

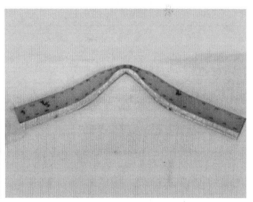

（c）背弹面涂层钢板 1

（d）背弹面涂层钢板 2

（e）无涂层钢板 1

（f）无涂层钢板 2

图 1.3 145 g 尖头和平头弹体撞击无涂层钢板与背弹面涂层钢板情况

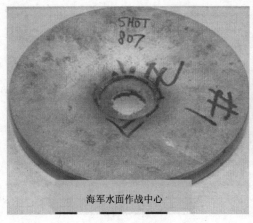

（g）背弹面涂层钢板 3　　　　　　　　　（h）背弹面涂层钢板 4

续图 1.3

4. 聚脲涂层抗弹防护机制研究现状

在聚脲涂层抗弹防护研究中，涂层材料、涂层位置以及涂层厚度等因素对涂层、底材以及复合结构抗弹性能的影响称为聚脲涂层抗弹防护机制，其宏观机制在试验研究以及以试验为基础的数值仿真研究中能够得到直接体现，而深层次机制通常需要从聚脲的力学行为、本构关系以及材料合成等多学科方面进行理解。

弹体侵彻聚脲涂层多为强动载荷作用，其应力应变关系呈现出高度非线性与强应变率相关性的特征，可分为聚脲材料力学行为与本构关系两个研究方面。聚脲材料力学行为的典型研究包括拉伸与压缩等不同受力形式下的力学行为差异，低应变率与高应变率等不同变形速率下的力学行为差异，以及聚脲与聚氨酯等不同材料间的力学行为差异等。关于聚脲材料本构关系的典型研究包括超黏弹性本构模型、非线性黏弹性本构模型、应变率相关本构模型以及其他多种类型本构模型等。

在同样加载与应用条件下聚脲力学性能与防护性能也不尽相同，其原因在于聚脲的材料组分、微观结构以及合成方法等材料层面差异，这也是分析其抗弹机制与提高其抗弹性能的主要途径之一。关于聚脲材料合成与特性的基础与延伸研究包括聚脲材料合成方法的研究，聚脲材料中氢键对其微观结构和宏观性能影响的研究，基于氢键所形成的化学交联与自愈性能的研究，以及材料组分与结构对其自愈性能的研究。除此之外，还包括由聚脲材料衍生而来的聚脲气凝胶与聚脲泡沫的材料合成与特性研究。

聚脲涂层抗弹防护机制研究中，聚脲材料力学行为、本构关系与材料合成等相关内容具有一定的关联性与互通性，同时也具有较大的学科跨度，对于新型材料的复杂环境应用在现阶段难以形成既全面又深入的研究，因此可针对其中高关联度的基础学科内容并结合工程实践形成抗弹防护机制与机理，相关内容在本书第 2 章中进行详细说明。

1.2.2 聚脲涂层的抗爆防护研究

1. 聚脲涂层对建筑结构底材抗爆增强的研究现状

聚脲涂层与普通砖墙、钢筋混凝土墙体以及梁等建筑结构的结合是其最早、最为广泛的抗爆增强应用，研究表明聚脲作为背爆面涂层时结构的抗爆性能要高于相同厚度的迎爆面涂层与双面涂层结构，背爆面涂层能够充分发挥聚脲材料良好的柔韧性，对墙体破坏所产生的飞溅碎渣形成明显阻滞，减小对墙体后部人员与设备的二次伤害作用。

中国人民解放军陆军工程大学 SHI S. Q.、韩国延世大学 HA J. H. 等对聚脲涂层建筑结构抗爆增强进行了研究，研究内容分别为近距离爆炸作用下碳纤维与聚脲混合形成纤维增强聚合物涂层对钢筋混凝土板抗爆增强研究，以及接触爆炸作用下玻璃纤维网与聚脲涂层结合对钢筋混凝土板抗爆增强研究，如图 1.4 所示。阿拉巴马大学亨茨维尔分校 ZHOU H. Y. 等同样采用纤维与聚脲相结合的方式提高其所构成复合材料的防撞性能与阻尼特性。

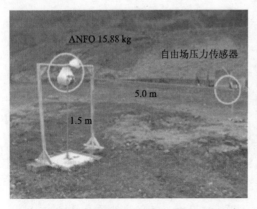

（a）近距离爆炸试验布置

（b）近距离爆炸试验的靶板迎爆面

（c）近距离爆炸试验的靶板背爆面

（d）接触爆炸试验布置

（e）接触爆炸试验的靶板迎爆面

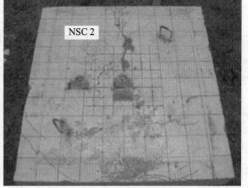

（f）接触爆炸试验的靶板背爆面

图 1.4　近距离爆炸与接触爆炸加载混凝土墙体板/聚脲涂层结构

2. 聚脲涂层对纤维复合材料底材抗爆增强的研究现状

除建筑墙体之外，纤维复合材料也是常见底材之一，纤维复合材料的应用形式包括常规的方形平板结构、圆形凹板结构、圆筒结构以及头盔等其他异形结构。美国罗德岛大学 TEKALUR S. A. 等以乙烯基酯树脂基玻璃纤维复合材料板为底材，通过激波管试验产生冲击载荷分别对不同涂层位置下层状结构与夹心结构的抗爆性能进行了研究，结果表明：聚脲涂层能够影响纤维板的失效模式，使得不同涂层位置下结构吸能差异显著；在相等厚度底材条件下，聚脲涂层对纤维板的抗爆性能有着明显提升作用，迎爆面涂层提升幅度大于背爆面涂层，当涂层夹于两纤维板之间时结构抗爆性能最佳；以中心挠度表征结构抗爆性能，在总质量增加 60% 的情况下，迎爆面涂层纤维板结构抗爆性能提高近 25%，而夹心结构抗爆性能提高超过 100%。美国范德堡大学 HUI T. 等对上述实验进行了数值仿真计算与结论验证。

为降低军事冲突中爆炸效应等冲击性伤害对人员造成的创伤性脑损伤，美国克莱姆森大学机械工程系 GRUJICIC M. 等开展了先进作战头盔的抗爆防护增强研究，对其外壳、衬里和悬挂的基本组成部分通过聚脲涂层替代或敷设的方式进行了抗爆性能分析，如图 1.5 所示。方式一，将聚脲作为头盔的衬里材料，并与常规的乙烯醋酸乙烯酯泡沫材料衬里进行对比，采用欧拉与拉格朗日结合和流体与固体结合的瞬态非线性动力学计算分析方法，对两种衬里材料头盔以及所保护人员的头部骨骼与大脑进行了有限元模型建立与加载分析，结果表明：相比于常规泡沫材料衬里，聚脲材料衬里能够大幅度地降低冲击波对大脑的加载峰值，提高了头盔的抗爆炸冲击性能。类似的研究还有新加坡国立大学 HARIS A. 等对常规泡沫衬里、聚脲衬里以及剪切增稠液衬里开展的抗爆防护对比试验，聚脲材料同样表现出较好的抗爆性能。方式二，将聚脲涂覆于头盔的凯夫拉纤维外壳外侧并形成一定厚度的涂层，基于聚脲衬里头盔抗爆研究中的有限元模型与分析方法进行了含与不含聚脲涂层头盔抗爆性能的对比，结果表明：聚脲涂层对头盔抗爆性能的影响取决于爆源的爆距大小，较小爆距更利于聚脲涂层的抗爆吸能，这一结论与聚脲材料的应变率敏感性相一致。

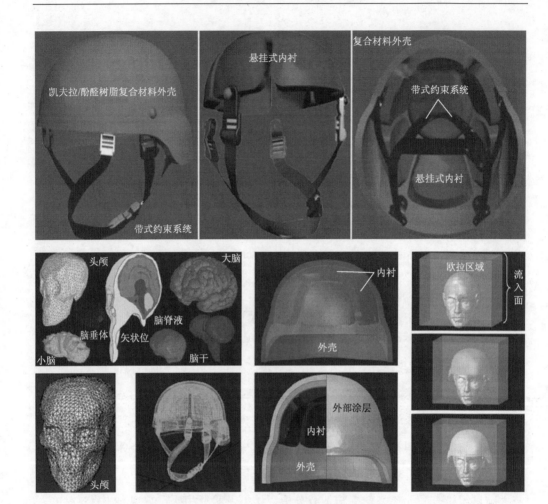

图 1.5　聚脲涂层在头盔结构中的抗爆防护研究

3. 聚脲涂层对金属底材抗爆增强的研究现状

金属材料板作为聚脲喷涂底材的抗爆防护研究常见于钢板与铝板等常规装甲防护结构板，相比于混凝土墙体与纤维增强复合材料板，金属底材密度较大的特点使得聚脲涂层对金属底材抗爆增强的轻量化要求更为突出，而金属材料一致性好且厚度可控性高的特点则使得保持复合结构重量不变或降低的要求在研究与应用中更容易实现，因此除了相同厚度底材的设计原则外，相同面密度的设计原则在一些研究中同样得到强调。

澳大利亚国防科技组织 ACKLAND K. 等通过引爆炸药产生爆炸载荷的方式，对相等面密度的无涂层钢板与背爆面涂层钢板的抗爆性能进行了试验研究，如图 1.6 所示。试验采用 500 g 彭托利特球形装药在 10 mm 爆距下，分别对 6 mm 厚钢板、5 mm 厚钢板/7.5 mm 厚涂层、4 mm 厚钢板/15.7 mm 厚涂层 3 种结构进行爆炸加载，通过测量靶板背部变形情况与最大挠度值对比抗爆性能。研究结果表明，3 种结构中无涂层钢板的变形量最小，背爆面涂层钢板结构中，涂层越厚，钢板的变形量越大，即相等面密度条件下背爆面涂层并不能提高结构抗爆性能。同时，通过数值仿真得到了相等面密度条件下迎爆面涂层与夹心层钢板结构的变形量虽然小于背爆面涂层钢板，但同样不能提高结构抗爆性能的结论。

图 1.6 爆炸加载试验装置与靶板失效情况

美国加州大学先进材料卓越中心 AMINI M. R. 等通过主动式与被动式撞击的压力脉冲装置模拟产生冲击载荷的形式，进行了聚脲涂层位置对钢板底材变形与破坏影响的试验与数值仿真研究，如图 1.7 所示。试验加载压力的峰值为 80 MPa，持续时间为 50 μs，分别对约 3.77 mm 厚钢板的单层结构以及其与 1 mm 厚聚脲涂层组成的双层结构进行试验，根据钢板的变形与失效模式划分为无失效、中等失效与严重失效 3 种等级，得到了涂层分别位于冲击侧（迎爆面）与冲击背侧（背爆面）时对钢板抗爆性能的影响。

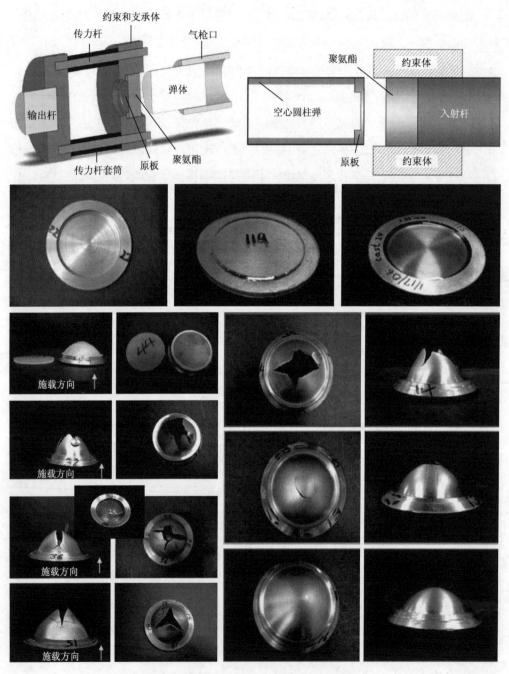

图 1.7 脉冲加载试验装置与靶板失效情况

结果表明：涂层位于冲击侧时会加剧钢板失效，而位于冲击背侧时能够提高钢板抗冲击性能。其原因为冲击侧涂层在压力作用下硬度大幅提高，使其波阻抗与钢板更为匹配，导致更多的能量传递至钢板，而冲击背侧涂层依靠其黏弹性能够消耗部分冲击能。

对于不同条件下聚脲涂层对金属底材抗爆性能的影响，国内高校开展了相关研究，但所得结论与上述典型研究结论差异明显，其原因可能是所采用的聚脲性质不同所致。中国人民解放军海军工程大学 HOU H. L. 等通过引爆炸药产生爆炸冲击波对聚脲涂层与钢板组成的不同类型靶板进行加载，所得结论为靶板面密度保持一致时，背爆面涂层钢板与夹心涂层钢板结构的抗爆性能优于无涂层钢板，而迎爆面涂层钢板与双面涂层钢板结构的抗爆性能次于无涂层钢板。此外，还对涂层面积与接触类型等因素对背爆面涂层钢板抗爆性能的影响进行了研究。北京理工大学 DAI L. H.，LI Y. 等对聚脲涂层抗爆性能的相关研究侧重于水下爆炸环境，首先采用炸药爆炸加载的方式对聚脲涂层位置与涂层厚度对钢板抗水下爆炸性能的影响进行了对比试验，所得结论为相同厚度钢板前提下，迎爆面涂层与背爆面涂层均能提高钢板抗爆性能，并且迎爆面涂层提升效果略微高于背爆面涂层，涂层厚度越厚效果越佳；另一研究通过飞板撞击施加脉冲载荷于无涂层铝板、迎爆面涂层铝板与双面涂层铝板三种类型靶板，得到了迎爆面涂层可以减小铝板塑形变形，而双面涂层增加铝板塑形变形的结论。

4. 增强型聚脲涂层抗爆防护的研究现状

聚脲与纤维材料结合使用是增强涂层抗爆性能的常见方式之一，美国加州大学先进材料卓越中心 NANTASETPHONG W. 等通过添加短切纤维的方式用以改善聚脲涂层在爆炸等冲击载荷作用下的能量吸耗能力，采用实验表征与微观力学模型的方法对聚脲与纤维所组成复合材料的动态特性与松弛模量进行了研究。聚脲喷涂过程中采用喷洒短切纤维的方式与纤维结合，通过控制喷洒方向与速率分别调节纤维的分布与含量，形成不同配置的聚脲纤维复合材料的涂层。常规的纤维与聚合物组合形式是以纤维为增强体、聚合物为基体构成纤维增强复合材料，其中纤维增强体主要提供复合材料的强度和刚度，聚合物基体主要用于支撑、固定纤维材料及传递纤维间的载荷。

采用聚脲结合纤维的优势之处在于，具有轻量化特征的聚脲材料本身即兼顾有抗爆增强等多种防护特性，这是树脂等传统基体材料无法比及的，并且适用广泛的聚脲喷涂施工工艺能够满足大多数类型结构需求；而采用聚脲作为基体材料的劣势在于，聚脲多应用于超弹性体材料，其高弹性、高伸长率的特点，对纤维的固定支撑作用必然会被削弱，纤维间载荷的传递效应也会有所降低。与此同时，纤维增强聚脲基体复合材料的实现同样面临着诸多难题，例如聚脲的合成方法使得纤维增强复合材料的原有制备方法难以适用，成型工艺与产品类型大幅受限。

结合以上对于纤维增强聚脲基体复合材料的优缺点分析，可采用纤维网结合聚脲涂层的方式扬长避短，将纤维网作为独立面层置于金属底材与聚脲涂层之间，聚脲的喷涂覆盖与黏结特性能够实现两者的简易复合。基于该设计思路，美国霍普学院工程部 VELDMAN R. 等以增强商用飞机结构在内部爆炸载荷作用下的轻质抗爆防护为研究目的，对比了碳纤维复合板、铝板、铝蜂窝板以及聚脲涂层和聚脲涂层/纤维网等多种材料与结构的抗爆性能，验证了聚脲涂层对结构抗爆性能提升的有效性，同时纤维网的增设能够进一步增强结构抗爆性能，并且粗条纤维网效果优于细条纤维网，如图 1.8 所示。纤维网结合聚脲涂层的形式在简化施工工艺的同时，涂层同样对纤维网起到了固定、支撑及载荷传递的作用，并且涂层与纤维网之间的非充分接触也降低了彼此的负面影响。值得注意的是，就纤维增强聚脲涂覆金属板结构而言，金属板底材始终为主要防护材料，聚脲涂层则作为抗爆防护改善材料，增设的纤维网亦为辅助性防护材料，在设计时需加以注意。

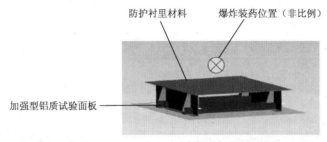

防护衬里材料　　爆炸装药位置（非比例）

加强型铝质试验面板

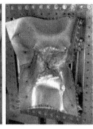

图 1.8 聚脲涂层以及纤维网增强型聚脲涂层抗爆试验

5. 聚脲涂层抗爆防护应用环境的研究现状

聚脲涂层抗爆性能研究往往基于理想或者常规外设条件，对于指定或多变的实际应用需求，外界环境因素对聚脲涂层性能以及涂层钢板结构性能的影响同样值得关注。

典型的聚脲材料应用环境研究包括，腐蚀环境下聚脲涂层的耐腐蚀性，以及相关联的使用寿命、承载能力研究，高温环境下聚脲材料的阻燃性与热降解行为的研究，海洋环境下聚脲涂层的老化行为与机理的研究。同时，还包括基于长时间日照的应用环境条件，开展的紫外光辐射下聚脲的动态性能研究与微观力学行为研究，以及对其超弹性体行为影响与超声特性影响的研究。此外，还有聚脲涂层与钢板底材界面处的阴极剥离断裂分析研究。所谓涂层阴极剥离，是指在使用环境中，当水、氧、离子等渗入涂层后，在阴极保护条件下有机涂层逐渐丧失屏障保护作用，产生起泡开裂的现象，而阴极剥离是涂装金属遭到破坏的一种常见形式。在明确聚脲涂层抗爆性能规律的基础上，开展不同环境因素对聚脲材料及其防护结构的性能影响研究，对进一步深化聚脲涂层抗爆防护应用具有重要的指导意义。

聚脲涂层抗弹与抗爆防护研究以试验研究为主，仿真研究与综述研究也具有一定参考性。除此之外，还包括其他类型研究，例如，除常规加载方式外，以冲压试验产生撞击，激光冲击试验产生应力波，金刚石压砧试验产生超高压力等进行加载以及在多种条件下的响应特征研究；除具有一定厚度且可视为独立面层形式的面板层、背板层和夹层之外，聚脲涂层还可以过渡层与黏结层等多种形式存在，但相比独立面层其厚度较小且为辅助性防护改善作用。综合而言，聚脲涂层抗弹防护与抗爆防护研究体现了不同防护目的下聚脲涂层对应的攻防差异。本书基于装甲的轻量化防护需求，以实现抗弹抗爆防护的高效性与多效性应用为目的，开展聚脲涂覆钢板的抗弹抗爆防护性能与机制研究工作。

1.2.3 存在的问题

通过对聚脲涂层抗弹与抗爆防护国内外研究现状的总结与分析，发现存在以下几点不足之处：

（1）试验研究目前仍是聚脲涂层抗弹抗爆防护研究的主要手段，但测试试验仅限于单一的抗爆防护试验或抗弹防护试验，所用聚脲材料品质各异，所得结论与规律差异明显，防护效果评价不一；对于同种聚脲材料的抗弹和抗爆双重防护，尚未开展相关试验研究，难以满足聚脲涂覆钢板等防护结构兼顾抗弹抗爆防护增强需求。

（2）聚脲抗弹抗爆防护试验多采用产品型聚脲作为研究材料，虽然部分公开文献对所研究聚脲的材料配制进行了较为详细的描述，并得到一些规律性的认识，但相比成熟的聚脲产品，性能必然有所差距，而产品型聚脲出于商业敏感性，往往不会公布其材料配制细节。同时，现有防护型聚脲涂层多为低硬度、高伸长率的软质聚脲，对于其他类型聚脲材料的相关防护研究较少。

（3）内爆载荷能够对密闭与半密闭防护结构产生极大的破坏作用，但现有抗爆防护研究多以自由场爆炸加载聚脲涂覆板状结构为主，内爆载荷与空爆载荷特性以及防护结构失效模式存在较大差异，内爆载荷作用下聚脲涂层对涂覆结构抗爆性能的影响尚不明确，因此需要对聚脲涂覆结构抗内爆载荷性能与机制开展探索与研究。

1.3 主要研究内容

基于对国内外研究现状的分析及其存在的问题，针对典型威胁下装甲防护的轻量化需求，开展了聚脲涂覆结构的抗弹性能与抗爆性能研究，本书的主要研究内容如下：

（1）第 1 章绪论，立足于聚脲涂层的抗弹抗爆防护应用，明确了本书的研究背景和意义，而后对聚脲涂层抗弹防护与抗爆防护的国内外相关研究进行了现状分析，最后以此确立了本书的主要研究内容。

（2）第 2 章聚脲材料与涂层防护效应研究，主要为聚脲涂覆结构抗弹与抗爆防护理论部分，分别从材料与力学性能、涂层的防护效应、涂覆结构的测试评估进行分析，其中材料与力学性能侧重于基础学科理论，涂层的防护效应侧重于工程实践理论，涂覆结构的测试评估侧重于试验设计理论。本章内容可为聚脲涂覆结构抗弹与抗爆性能测试评估研究提供理论依据与设计原理。抗弹抗爆聚脲章节对本书试验涉及到的聚脲涂层与底材材料性能等进行了说明。

（3）第 3 章聚脲涂覆结构抗弹防护性能与机制研究，包括弹体侵彻试验方案设计、试验结果分析与防护机制分析三部分。首先在弹体侵彻试验方案设计部分对试验设置与结构设计进行了说明，然后根据高速弹体侵彻试验与低速弹体侵彻试验获得的试验结果，对比了软质与硬质聚脲涂覆结构抗弹性能，最后从钢板底材、软质涂层与硬质涂层三个方面对聚脲涂覆结构抗弹防护机制进行了分析。此外，基于软质聚脲涂覆结构抗低速弹体侵彻试验，进行了数值仿真研究。

（4）第 4 章聚脲涂覆结构抗爆防护性能与机制研究，包括空爆载荷作用试验与内爆载荷作用试验两部分，分为试验方案设计、试验结果分析与防护机制分析三个方面。试验方案设计部分对试验设置与结构设计进行了说明，然后通过空爆载荷作用试验与内爆载荷作用试验获得了试验结果，对比了软质与硬质聚脲涂覆结构抗爆性能，最后从钢质底材与聚脲涂层两个方面对聚脲涂覆结构抗爆防护机制进行了分析，防护机制中对结构失效模式以及聚脲涂层的影响进行了分析。

（5）第 5 章总结与展望，在聚脲材料与涂层防护效应研究，聚脲涂覆结构抗弹防护性能与机制研究以及聚脲涂覆结构抗爆防护性能与机制研究的基础上，对聚脲涂覆结构抗弹抗爆防护以及防护机制的相关结论进行了总结，同时基于所开展的抗弹抗爆防护测试与评估工作提出了本书的创新点与后续的工作展望。

第2章 聚脲材料与涂层防护效应研究

2.1 引言

聚脲材料的合成原理、组分配比以及力学性能等是其能否作为防护涂层的关键所在，聚脲涂层的制备、涂层结构的组成以及防护性能的测试等是影响聚脲涂层防护性能和工程应用的重要因素。本章从聚脲材料与力学性能、聚脲涂层的防护效应、涂覆结构与测试评估方法三个方面进行分析讨论。其中，聚脲材料与力学性能部分包括组分与结构特性、玻璃化转变温度以及性能与改性增强三个方面；聚脲涂层的防护效应部分包括应变率效应、玻璃化转变效应以及横向扩散效应三个方面；聚脲涂覆结构的测试评估部分包括喷涂聚脲技术、聚脲涂覆结构、防护性能测试评估方法三个方面。

2.2 聚脲材料与力学性能

2.2.1 组分与结构特性

聚脲（polyurea，PU），为弹性体聚合物的一类，由异氰酸酯组分（A 组分）和氨基化合物组分（B 或 R 组分）逐步聚合反应而成。聚脲的一般定义为，由双官能异氰酸酯（OCN—R′—NCO）前体与双官能氨基（H_2N—R—NH_2）前体进行快速化学反应而合成的材料，其中前者包含异氰酸酯官能团（—N=C=O）和芳香族或脂肪族部分（R′），后者包含氨基官能团（—NH_2）和一个线性羟链（R），异氰酸酯官能团与氨基官能团能够反应生成脲基团（—NH—CO—NH—）。

聚脲分子的单链结构，是由硬链段（Hard Segment，HS）与软链段（Soft Segment，SS）交替构成，链段是分子链中独立运动单元，也是一种统计单元，其内涵随着高分子结构和外界条件变化而变化，典型链段的化学组成如图 2.1 所示。

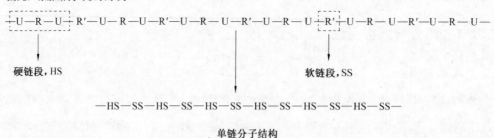

图 2.1　聚脲共聚反应及其单分子链结构

　　硬链段中存在两个脲基，脲基中氢原子与氧原子具有高极性，能够促进脲基间的氢键形成以及芳环 π—π 堆积作用。就分子间相互作用而言，氢键作用极强，而 π—π 堆积作用相对较弱，两者均为非共价键相互作用。在强氢键与 π—π 堆积作用下，部分相邻或相同分子链中的硬链段，产生自体组装与聚集，形成晶态硬段区（硬段相），而剩余的硬链段则与软链段充分混合形成非晶态软段基体（软段相），如图 2.2 所示。

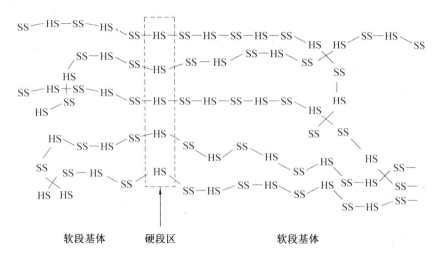

图 2.2　聚脲硬段区与软段基体示意图

　　硬段与软段相区相互分离，但又具有一定的相容性，两相形成的结构称为微相分离结构。聚脲微相分离的尺度为微观级别，宏观上无分层现象且具有均匀性，高分辨率手段下能够观察到两相结构的存在。以含有二苯基甲烷官能团（C_6H_5—CH_2—C_6H_5）的异氰酸酯与含有聚四氢呋喃二苯官能团的二胺反应而成的聚脲为例，采用轻敲式原子力显微镜（atomic force microscope，AFM），可观察到聚脲硬段区与软段基体的典型形态，如图 2.3 所示。

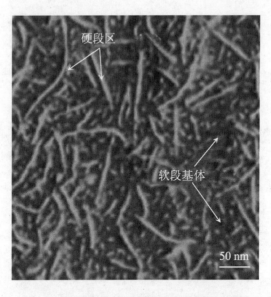

图 2.3　聚脲硬段区与软段基体的典型形貌图

微相分离结构是聚脲材料的重要特征之一，材料组分差异与外界加载能够对其产生明显影响，可利用粗粒化模型与全原子模型进行分子水平的建模与仿真计算。在纳米尺度下，聚脲材料通常具有非均质性，结构类似于纤维增强复合材料，杆状（亦或棒状、带状）的硬段区为增强体，分散于连续的软段基体之中。聚脲硬段区包含氢键相，赋予材料整体的刚度与强度；而软段基体包含的兼容相，为材料提供了延性与弹性。聚脲结构的独特性，造就了载荷作用下材料由微观至宏观的重要响应机制，主要包括以下两方面：一方面聚脲中硬段相形成物理交联结构，使得受载过程中，硬段相之间能够产生共同运动，从而增加对外界输入能量的耗散，多表现为爆炸加载下对冲击波传播能量的吸收；另一方面聚脲中氢键与 $\pi—\pi$ 堆积作用，在受载过程中能够产生可逆性破坏，即存在破坏-重建过程，该过程同样有利于对冲击波能量的吸收，宏观上则表现为材料的自修复性，如弹体贯穿涂层后，涂层上的穿孔尺寸明显小于弹体直径，弹体头部尖锐时尤甚，该特性能够有效阻滞侵彻过程中弹体的破碎残渣，降低二次伤害的可能性。

2.2.2　玻璃化转变温度

玻璃化转变温度（glass transition temperature，T_g），是指由橡胶态（高弹态）转变为玻璃态、或玻璃态转变为橡胶态所对应的温度。玻璃化转变是非晶态高分子材料固有的性质，也适用于结晶高分子材料中非晶态部分，但并不局限于高分子材料，一些小分子化合物中同样存在。

从分子运动角度来看，玻璃化转变对应于高分子材料的链段运动，是高分子运动形式转变的宏观体现。在玻璃化转变温度以下，高聚物处于玻璃态，链段不能运动，而在玻璃化转变温度时，链段开始运动，表现出高弹性质。实现玻璃化转变的常规方式为，通过调节材料所处环境温度，使其高于或低于玻璃化转变温度。解释玻璃化转变的理论，包括自由体积法、热力学理论、松弛过程理论等，但由于玻璃化转变的复杂性，尚未有一种理论能够对玻璃化转变的本质和现象给予全面的解释，现有相关文献中，多以松弛过程理论解释为主。松弛过程理论中，玻璃化转变被看作为高聚物无定形部分在冻结状态与解冻状态之间变化的一种松弛现象。

玻璃化转变温度是区分不同物理性质高分子聚合物的重要特征之一。一般而言，塑料材料的玻璃化转变温度高于室温，对应于材料使用的上限温度；而橡胶材料的玻璃化转变温度低于室温，对应于材料使用的下限温度。玻璃化转变温度的测定方法，包括膨胀剂法、折光率法、热机械分析法（thermal mechanical analysis，TMA）、差热分析法（differential thermal analysis，DTA）、差示扫描量热法（differential scanning calorimetry，DSC）、动态力学分析法（dynamic mechanical analysis，DMA）及核磁共振法（nuclear magnetic resonance，NMR）等。

聚脲等共聚物的两相分离结构，决定了它具有两个玻璃化转变温度，即硬段相玻璃化转变温度 T_{gh} 与软段相玻璃化转变温度 T_{gs}。常温下，玻璃化转变温度高（>127 ℃）的硬段处于玻璃态，起物理交联和增强作用；玻璃化转变温度低（<-60 ℃）的软段处于高弹态，呈现为柔性状态。聚脲的玻璃化转变温度，一般是指其软段的玻璃化转变温度，化学计量的调整与填料的改性增强不会对其产生本质

性影响，并且通常情况下其改变幅值相对有限。玻璃化转变温度作为聚脲的重要物理性质之一，直接影响材料的使用性能和工艺性能，是其涂层防护的关键指标，更是机理分析的理论基础，同时可对聚脲涂层防护应用的环境温度设计提供参考。

2.2.3　性能与改性增强

聚脲的力学性能是其材料的基础性能之一，因其力学强度、硬度、伸长率等性能参数涵盖了橡胶、塑料、玻璃钢等多种材料范围，在外文文献中常用"versatile"一词形容其力学性能的多样性。除此之外，聚脲还具有附着力、耐磨、耐交变、耐冲击、耐疲劳等其他力学性能，以及耐介质、耐浸泡、耐老化、耐低温等非力学性质的耐受性能。聚脲的力学性能行为主要表现为以下几个方面：弹性态的高度非线性、温度与压力的双重敏感性、高度黏弹性（玻璃态时应变率效应最大）、瞬态相变等导致力学性能的大幅改变。对聚脲力学行为的研究，主要基于超弹性模型、黏弹性模型等应力-应变关系，开展静态、动态等多应变率加载条件下的材料本构模型的试验与理论工作，但现阶段仍难以满足极端加载与复杂环境下的工程应用指导，其局限性主要有以下两点：①缺乏预测能力的经验性描述；②不能关联多种高应变、高应变率响应。

添加硬质填料粒子，是聚合物力学研究与应用中进行改性增强的常见方法之一，硬质填料粒子包括碳黑、二氧化硅等纳米级粒子以及玻璃微珠与飞灰等微米级粒子。对于常规填料，其所需浓度值较高，体积分数大于 20%，这有悖于涂层的轻量化防护原则。对于纳米粒子，其比表面积大，能够在很低的浓度水平下，完成聚脲等聚合物的性能增强。确定纳米粒子浓度的原则为，在复合材料达到最佳性能的同时，无明显的粒子凝结现象。纳米粒子的浓度一般不超过 5%，并且需要在合成聚脲之前，将其添加到原材料之中。实验室常见添加方法为：采用机械混合的方式，将纳米粒子与聚胺组分材料进行融合，并使用甲醇、乙醇等溶剂，用以保持必要的黏性；混合完毕并去除溶剂后，将添加有纳米粒子的聚胺组分与异氰酸酯组分进行混合，最终反应生成聚脲产物。纳米粒子的分散与嵌入情况，可通过低应变动态模量测试、

X 射线衍射等多种方式进行测定与评估。

聚脲的力学性能是其装甲防护应用的重要参考标准之一，在试验与理论研究中力学强度等主要参数的大小通常与其防护性能的高低直接关联，但对于以玻璃化转变效应为主要吸能机理的防护应用中，泛泛地将材料强度作为聚脲防护的选材指标是有所欠妥的，并且防护性能优劣与常态下材料强度等力学性能无对应关系。此外，对于聚脲力学性能的改性增强，并非所有纳米粒子的添加都不会改变聚脲基本属性，例如添加 5%质量分数的三硅醇苯基–笼形聚倍半硅氧烷（POSS）的聚脲材料，在 $0.06\ s^{-1}$ 的低应变率拉伸测试中，其韧性比纯聚脲材料高 20%。不同于其他纳米粒子，POSS 能够与聚脲的异氰酸酯成分进行反应，改变其化学交联并融入聚脲关联网络。

2.3　聚脲涂层的防护效应

2.3.1　应变率效应

聚脲的应变率效应是指聚脲材料在不同应变率下产生不同应力应变响应的力学行为，在聚脲作为防护涂层的研究中，多指聚脲涂层因加载条件与结构配置等因素造成应变率差异，进而对其防护性能的影响作用，可分为不同载荷类型下应变率差异、不同涂层位置下应变率差异以及最优涂层位置下应变率差异。

1. 不同载荷类型下应变率差异

典型的弹体侵彻、爆炸冲击波对防护装甲的破坏，在加载特征方面的主要区别有两点：加载范围与加载时间。具有显著杀伤作用的枪弹、破片等弹体，速度高、作用面积小、载荷集中，能够对装甲结构形成微秒级的点载荷加载；而爆炸冲击波覆盖面积广、衰减速度快，对装甲结构往往形成毫秒级的面载荷加载。对于应变率效应明显的聚脲材料而言，"微秒级"与"毫秒级"的不同，直接体现为涂层在不同量级应变率下的吸能效率差异；而"点载荷"与"面载荷"的不同，则表现为涂层在不同受载面积下的吸能体量差异。高应变率作用下，聚脲性能高，但涂层吸能面积小；而相对低应变率作用下，聚脲性能低，但涂层吸能面积大。显然，聚脲涂层在应对不同载荷类型时，既可优劣共存，又可优劣互补。

就单一类型载荷而言，爆炸冲击波加载时，聚脲的应变率效应作用小；而弹体侵彻加载时，聚脲应变率效应的作用显著。因此，弹体侵彻下，如何利用聚脲应变率效应，最大限度发挥涂层抗侵吸能性能，成为近年来相关研究的侧重点。例如，弹体按头部形状区分，大致可分为尖头弹体和钝头弹体，尖头弹体侵彻涂层以剪切破坏为主，钝头弹体侵彻涂层以压缩、拉伸破坏为主，不同破坏模式下涂层承受的加载速率也不相同。理论上，相比剪切破坏，涂层在压缩与拉伸破坏下对弹体的动能消耗更多，聚脲抗弹性能发挥更好。

2. 不同涂层位置下应变率差异

装甲结构或组成单元多为平板结构，涂层依托装甲平面进行敷设，成型面积、形状与装甲底材板相同。冲击载荷作用下，分别以位于底材面对或背对冲击一侧，对涂层位置进行区分，爆炸加载时对应为迎爆面与背爆面，侵彻加载时则对应为迎弹面与背弹面。钢板作为重要的装甲材料，兼顾了抗弹抗爆作用。以钢板底材为基础，抗弹抗爆防护结构可为聚脲/钢板、钢板/聚脲结构。在爆炸载荷作用下，钢板经历整板变形、局部大变形至破坏过程，而涂层往往依附于钢板进行同步或部分同步响应，迎爆面与背爆面涂层的应变率差异小，应变率效应对不同位置涂层抗爆性能影响较小。弹体侵彻作用下，钢板以阻止弹体的单点击穿为主要防护目的，迎弹、背弹面涂层与钢板的响应均相对独立，并且钢板对弹体降速效果明显，迎弹面与背弹面涂层应变率差异大，应变率效应对不同位置涂层抗弹性能影响明显。

对于迎弹面涂层，弹体初始加载速度高，侵入涂层后，由于钢板对涂层的背部支承作用，使得涂层侵彻区纵向位移受到限制，形成弹体对涂层侵彻区的快速压缩过程。对于背弹面涂层，弹体首先侵入钢板，钢板作为主要抗弹防护层，弹体在贯穿钢板后速度大幅降低，继续侵入涂层过程中，因侵彻区涂层沿弹体行进方向无有效束缚，难以形成类似迎弹面涂层的局部压缩，仅能够通过侵彻区周边涂层的连带作用形成整体的反向拉伸，这一拉伸进程经历时间长、扰动面积大，因此背弹面涂层所受的应变率大幅低于迎弹面涂层。综上可得，弹体侵彻作用下，迎弹面涂层所受的快速压缩最利于聚脲应变率效应发挥，进而对聚脲/钢板结构的抗弹性能提升最大。以 ϕ12.7 mm 的破片模拟弹丸（FSP）撞击 6.4 mm 厚高硬度钢板与 19 mm 厚聚脲涂层的结构配置为例，相比无涂层钢板，聚脲/钢板结构的弹道极限提高 50.3%，而钢板/聚脲结构的弹道极限仅提高 8.8%，由此可见，迎弹面涂层对结构抗弹性能的提升大幅高于背弹面涂层。

上述聚脲/钢板、钢板/聚脲两种结构抗弹性能差异的证例中，弹体的着靶姿态均为正着靶，此时弹体侵彻方向与靶板平面相垂直，即入射角为 90°。为进一步说明弹体对迎弹面涂层的快速压缩最利于聚脲应变率效应发挥，可通过调整弹体入射角的方法，使弹体对涂层进行斜侵彻，从而增大弹体侵彻行程，降低对涂层的压缩程度。值得注意的是，弹体调整入射角度后，同样会对钢板产生斜侵彻，此时弹体侵入力与钢板抗力的相互作用，以及角度的不同会对弹体产生翻转力矩，甚至会出现跳弹现象。虽然斜侵彻对钢板抗弹性能的影响更大更复杂，但是其主要影响是不利于弹体贯穿钢板，表现为试验测试中斜侵彻作用下靶板弹道极限的显著提高。

以 ϕ12.7 mm 平头圆柱弹体分别撞击 5.1 mm 厚高硬度钢板与 1.5 mm 厚涂层的结构配置为例，弹体以不同落角撞击靶板时，所得钢板和聚脲/钢板结构的弹道极限，见表 2.1。由表可得，随弹体落角的降低，钢板和聚脲/钢板结构的弹道极限均有所增加，而相比无涂层钢板，涂层对弹道极限则明显降低，当落角为 90° 时，涂层对结构抗弹性能的贡献度最高，由此验证了弹体正着靶对钢板的威胁最大，此时迎弹面涂层的防护性能反而得到最大发挥。

表 2.1　不同弹体落角时钢板和聚脲/钢板结构的弹道极限 V_{50}

弹体落角/°	弹道极限 V_{50} /（m·s⁻¹）		涂层对弹道极限 V_{50} 的增幅/%
	钢板	聚脲/钢板	
90	600±1	835±9	+39
60	745±5	849±2	+14
45	823±5	892±7	+8

3. 最优涂层位置下应变率差异

分析不同载荷类型与涂层位置下的应变率差异可知，钝头弹体侵彻迎弹面涂层时，对涂层加载的应变率最高，涂层应变率效应的作用最为明显，对提高结构抗弹性能的贡献度最高。在聚脲/钢板结构中，迎弹面涂层的快速压缩是弹体侵彻与钢板支承共同作用的结果，而是否存在钢板支承作用则为迎弹面、背弹面涂层性能差异的关键所在。因此，进一步研究最优涂层位置下钢板的支承作用，不同支承作用下相关应变率的差异及其对抗弹性能的影响十分必要。

钢板对迎弹面涂层的支承作用，可理解为：迎弹面涂层在抵御弹体侵彻过程中，钢板以限制侵彻区涂层纵向位移的方式，形成对侵彻区涂层进行最短时程压缩的效果。钢板对迎弹面涂层的支承作用，存在一前提二特性：前提为，弹体压缩涂层且到达钢板前，应力波作用不会使钢板产生明显塑性变形与破坏，显然，钢板满足这一前提，但对于一些硬质非金属底材并非完全适用；特性一为不均匀性，表现为涂层的累积压缩中，涂层越靠近钢板部分，其受支承作用越好，并且涂层越厚越明显，但对常规厚度涂层而言，通常以总体形变与平均应变率进行分析处理；特性二为局部性，表现为钢板中起支承作用的仅为靠近涂层的一部分，而非钢板整体，即支承作用为界面作用而非整体作用。

钢板支承作用的强弱与其强度、刚度、硬度、厚度等属性相关联，其中硬度属于更偏向于界面属性的力学特征，其定义为材料局部抵抗硬物压入其表面的能力，可见定义内容与支承作用相对应。因此，提高钢板的表面硬度能够有效增强其支承作用，进而提高迎弹面涂层抗弹性能。虽然强度、刚度、厚度等整体性力学特征，对钢板支承作用的直接性影响较小，但过薄的厚度、过低的刚度或强度，也难以有高硬度的存在，因而会失去支承作用的意义。这一结论可通过采用不同硬度的铝板、钛合金板以及多种强度与厚度的钢板分别作为底材，对比迎弹面涂层对不同配置结构抗弹性能的提升效果而获得，如图 2.4 所示。

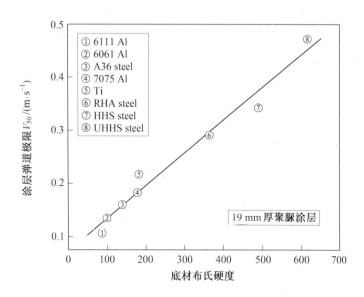

图 2.4　不同硬度底材下聚脲涂层结构的弹道极限 V_{50} 情况

　　在聚脲/钢板结构中，提高钢板表面硬度的方法包括喷砂、渗碳、渗氮、镀铬等。采用喷砂的方法，能够去除钢板表面锈迹与氧化层，但硬度提升幅度有限。采用渗氮的方法，通常需要保持 400 ℃以上的高温环境，过高的温度使得钢板软化，导致钢板整体性能的退化。采用渗碳的方法，所需要的操作温度远高于渗氮，钢板性能退化更为严重。采用电镀铬的方法，可以避免热处理操作所引起的钢板性能退化，同样的方法还包括电镀含有离散金刚石颗粒的铬、类金刚石碳颗粒的气相沉淀。以布氏硬度为 490 的高强度钢板为例，渗氮后钢板硬度降至 416，电镀金刚石颗粒铬仅能提高不到 10%的硬度，而电镀铬与气相沉淀碳颗粒的方法均能提高 2 倍以上的硬度。由于采用电镀、气相沉淀的低温硬化方法，钢板表面硬化层的厚度仅为几个微米，因此对钢板整体抗弹性能影响极小。不同表面硬化方法下，不同配置聚脲/钢板结构的抗弹性能情况列于表 2.2。由表 2.2 可得，聚脲/钢板结构抗弹性能与钢板的表面硬度呈正相关关系，采用合理的硬化方法能够增强钢板支承作用，提高迎弹面涂层的抗弹性能。

表 2.2　不同表面硬化下聚脲涂层结构的弹道极限 V_{50} 情况

表面硬化方法	结构配置	表面硬化前 V_{50}/(m·s⁻¹)		表面硬化后 V_{50}/(m·s⁻¹)	
		钢板	聚脲/钢板	钢板	聚脲/钢板
喷砂	5.1 mm 钢板、2.8 mm 涂层	—	834±4	—	839±9（<1%）
渗氮	5.0 mm 钢板	598±2	—	433±3	—
气相沉淀碳颗粒	3.9 mm 钢板、2.8 mm 涂层	527±11	677±6	—	716±8（+6%）
	4.4 mm 钢板、2.8 mm 涂层	535±4	743±7	—	800±5（+8%）
镀铬	4.7 mm 钢板、2.8 mm 涂层	550±8	788±4		849±15（+8%）
镀颗粒铬					807±11（+2%）

2.3.2　玻璃化转变效应

玻璃化转变效应是指聚脲等聚合物在特定冲击加载条件下，产生橡胶态向玻璃态的转变，并以玻璃态进行响应，同时对加载能量产生大量耗散的现象。这一现象不同于通过改变外界环境温度，使之高于或低于玻璃化转变温度，产生在玻璃态与橡胶态之间转变的过程。玻璃化转变效应的本质在于，当冲击加载的频率与聚合物链段的动态频率相同或相近时，链段的取向与平移行为，在所允许的时间尺度内无法完成响应，以致其冻结，仅能产生振动与次级运动，从而表现出玻璃态下的脆性行为。

玻璃化转变效应具备以下两个特征：第一个特征为，在冲击载荷作用下，产生玻璃化转变效应的材料会以玻璃态进行响应，形成脆性破碎，并伴随有大量的能量消耗，这一点有别于常规的低耗能脆性行为；第二个特征为，玻璃化转变属于物理变化，其转变过程具有可逆性，即在冲击加载结束后，材料会由响应时的玻璃态恢复至响应前的橡胶态。

1. 玻璃化转变效应的产生条件

玻璃化转变效应中，转变状态仅限定于由橡胶态转向玻璃态，这就要求了聚合物的玻璃化转变温度必须低于实际工作温度。由此可见，玻璃化转变效应的关键因素，包括了玻璃化转变温度和链段动态响应频率两个方面。玻璃化转变效应中，存在两组对比关系，即玻璃化转变温度与环境温度的关系、链段动态响应频率与加载频率的关系。不同的聚合物，对应有不同的玻璃化转变温度与链段动态响应频率，对于某一给定聚合物，环境温度一定时，材料响应随加载频率的变化遵循应变率效应，当材料耗能量最大时，对应有一加载频率值，而该最大加载频率值与环境温度呈负相关关系。

值得注意的是，由于聚合物链段的复杂性和多样性，其所有的链段动态响应频率并非一个固定值，而是一个范围值，即能够引起玻璃转变效应的加载频率也存在一个宽度区间，并且较宽的区间更利于产生玻璃化转变效应。聚合物耗能的最大应变率以及玻璃化转变效应的幅宽，可利用测定材料介电性能的方式进行对比研究。通过对静电能的储蓄和损耗，反映材料的频率特性，并由相对介电常数、相对介电损耗因数以及介质损耗角正切等参数进行表征，但不能用以弹体冲击的相关量化。

玻璃化转变效应是聚合物表现出的高耗能行为，在实际应用中对材料的加载频率，一般对应为变形速率或应变率。玻璃化转变效应可视为应变率效应的终极模式，即当应变率足够高时，所产生的量变与质变的过程，其中，量变是指低耗能到高耗能的改变，质变是指橡胶态响应到玻璃态响应的转变。对于聚合物的装甲防护应用，涂层所处的环境温度与面对的载荷类型均有所限定，根据应变率效应分析可知，钝头弹体侵彻迎弹面涂层时，最利于形成高应变率加载环境，加载应变率一般为 $10^5 \sim 10^6 \ \mathrm{s^{-1}}$。因此，聚合物涂层的选取，应使得材料玻璃化转变温度、链段动态响应频率等关键因素与之相契合，以实现玻璃化转变效应，达到最大幅度提高抗弹体侵彻性能的目的。

2. 玻璃化转变效应的失效特征

聚脲为能够产生玻璃化转变效应的材料之一，为进一步说明玻璃化转变效应，可选取多种聚合物进行对比试验，材料包括聚异丁烯（polyisobutylene，PIB）、聚丁二烯（1, 4-polybutadiene，PB）、聚降冰片烯（polynorbornene，PNB）、丁腈橡胶（nitrile rubber，NBR）、聚异戊二烯（1, 4-polyisoprene，PI）、天然橡胶（natural rubber，NR）

以及两种聚脲（polyurea，PU-1、PU-2）。

以 ϕ12.7 mm 平头圆柱弹体撞击 5.1～12.7 mm 厚高硬度钢板与 6.4～19 mm 厚迎弹面涂层配置，对含不同材料迎弹面涂层结构的弹道极限与速度衰减进行测试。常温常压下，所选聚合物涂层均表现为橡胶态行为，测试试验可通过观察涂层的失效行为，判定是否产生玻璃化转变效应。涂层的失效行为，包括实时响应过程与最终失效模式，实时响应过程可通过高速摄影进行记录，最终失效模式可直接通过肉眼观察进行识别。聚合物涂层典型的橡胶态失效行为与玻璃态失效行为，如图 2.5 所示，其中图 2.5（a）、图 2.5（c）所示为实施响应过程，图 2.5（b）、图 2.5（d）所示为最终失效模式。

由图 2.5（a）、图 2.5（c）可以看出，弹体高速侵彻过程中，橡胶态响应的涂层在纵向与横向方向均产生大范围变形，而玻璃态响应的涂层变形范围相对有限，颗粒状溅射明显。由图 2.5（b）、图 2.5（d）可以看出，弹体贯穿涂层后，橡胶态失效的涂层由穿孔处向外辐射有大量延伸与撕裂破坏，而玻璃态失效涂层的破坏仅局限于穿孔区域，穿孔尺寸、形状均与弹体撞击截面相似。

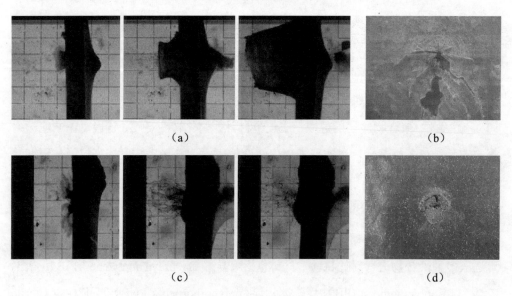

（a） （b）

（c） （d）

图 2.5　不同涂层在橡胶态与玻璃态下的典型行为差异

3. 玻璃化转变效应的吸能特性

有了玻璃化转变效应发生与否的定性判定，通过涂层的抗弹降速情况进一步完成定量对比。不同聚合物的迎弹面涂层的相对弹道极限情况，如图 2.6 所示，其中涂层厚度均为 19 mm，横坐标对应各自在室温环境下（最低 21 ℃）的玻璃化转变温度，图中空心圈符号代表橡胶态失效涂层，实心块符号代表玻璃态失效涂层。

由图 2.6 可以看出，弹体侵彻下，玻璃态失效涂层的抗弹性能整体高于橡胶态失效涂层，说明玻璃化转变效应对抗弹性能提升的有效性，并且抗弹性能大小与常态下材料强度等力学性能无对应关系；同时应该注意的是，未产生玻璃化转变效应的涂层，对结构弹道极限的提升效果也较为明显，部分涂层甚至与存在玻璃化转变效应涂层的提升幅度相当，这与材料个体性能差异有关；另外，在玻璃化转变温度低于环境温度的基础上，玻璃化转变温度越高，越利于产生玻璃化转变效应，而玻璃化转变温度值相对较低的聚脲和聚异丁烯，之所以能够产生玻璃化转变效应，是因其具有较宽的转变区间。

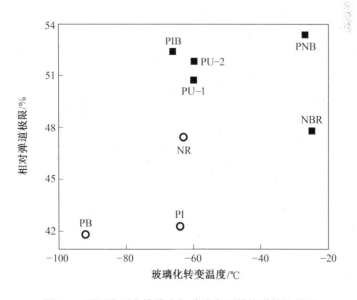

图 2.6　不同涂层在橡胶态与玻璃态下的抗弹性能差异

单就聚脲材料而言，聚脲涂层在弹体的高应变率加载下能够产生玻璃化转变效应，产生脆性失效并有效提升结构抗弹性能。这里，将玻璃化转变效应与应变率效应对比如下。测试中，设定弹体质量为 13 g，撞击面积约为 13 cm^2，聚脲涂层厚度为 6.4 mm，弹体初始撞击速度为 900 m/s。弹体高速撞击聚脲/钢板结构，加载应变率为（1.4±0.1）×10^5 s^{-1}，贯穿靶板后弹体实测速度由 899.2 m/s 降至 586.7 m/s，其中因涂层造成的弹体动能损失约为 3 kJ，对应涂层的应变能密度约为 4 GJ/m^3，而在加载应变率为 9×10^3 s^{-1} 的力学测试中，聚脲的应变能密度仅为 0.04 GJ/m^3，可见玻璃化转变效应下聚脲涂层的耗能量出现了量级式的突跃。

2.3.3 横向扩散效应

横向扩散效应，多指迎弹面涂层在冲击载荷作用下，局部作用的冲击力沿横向方向，有明显扩散传播的现象。其中，涂层厚度方向定义为纵向，即冲击方向；涂层平面方向垂直于冲击方向，定义为横向。横向扩散效应产生的原因为，冲击下涂层在作用区域内的短暂硬化（transient stiffening）。横向扩散的结果可分为两类，其一为作用区域内因涂层材料硬化导致的底材应变增加，其二为作用区域外因冲击力传播扰动导致的底材受载面积增加。对于吸能增抗而言，涂层的短暂硬化与横向传播提高了涂层自身吸能量，而底材形变程度与破坏范围的增加也提高了底材吸能量，最终结果均有利于结构抗弹性能的提高。

横向扩散效应常见于钝头弹体撞击聚脲/钢板等含迎弹面涂层结构，原因为相比于混凝土墙体、纤维增强复合材料板等底材，钢板材料均一性好、表面平整且硬度较高，能够对钝头弹体压缩涂层提供有力背部支承，形成涂层产生短暂硬化的最佳环境。针对钝头弹体撞击聚脲/钢板结构所产生的横向扩散效应，测量与表征方法主要有以下三种：弹体加载等截面积涂层后速度测量，弹体完全侵彻钢板后穿孔尺寸测量，弹体部分侵彻钢板后区域变形测量。

1. 弹体加载等截面积涂层后速度测量

钝头弹体撞击聚脲/钢板结构，迎弹面涂层包含受载面积与扩散面积的两种吸能部分,受载面积一般为钝头弹体的横截面积,特别地,平头弹体的撞击面即为涂层的受载面。通过对涂层直接限制面积且仅保留原有受载面积,进行相同撞击速度加载,以弹道极限或贯穿前后速度衰减量为对比标准,定性定量判别横向扩散效应对结构抗弹性能的影响。

值得注意的是,该测量与表征方法最直接且有效,但实际测试中需考虑诸多因素,例如,弹体直径小且涂层面积局限,在保持撞击速度的基础上,弹体能否准确定位于涂层;再如,弹体撞击涂层后,撞击面与受载面能否完全吻合等。为此,可采用滑膛枪加载弹体,保持其飞行稳定性,利用高速摄像机甄别弹体着靶状态,通过多次加载射击获得足够有效数据。以 ϕ12.7 mm 平头圆柱弹体撞击聚脲/钢板为例,当迎弹面涂层为单独的柱形块,且与弹体等截面积时,如图 2.7 所示,所得结构弹道极限要比整面涂层时降低 25%。

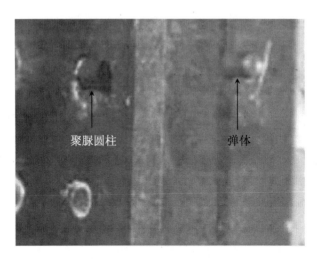

聚脲圆柱　　　　弹体

图 2.7　柱形弹体撞击等截面积涂层

2. 弹体完全侵彻钢板后穿孔尺寸测量

钢板穿孔是其对侵入弹体进行耗能降速的宏观体现,穿孔的尺寸差异能够直观反映钢板的能量吸收情况。对于钝头弹体撞击聚脲/钢板结构,钢板穿孔尺寸的对比应建立于失效一致性的前提之上,即迎弹面涂层的存在,不会改变钢板原有的失效模式。通常情况下，钝头弹体对装甲钢板产生的失效模式多为剪切冲塞失效，该种失效模式与弹体的撞击速度、钢板的相对厚度，以及弹体与钢板的硬度和强度差异等有着密切关联。纯剪切冲塞作用下，弹体贯穿钢板后，具有穿孔边界齐整、尺寸与弹体截面相当、穿孔周边扰动范围小等特征。

钢板迎弹面所增设的聚脲涂层，除对弹体有限度地吸能降速之外，并不能改变剪切冲塞的失效模式，而涂层对冲击力的横向扩散效应，间接增加了背部钢板的受载面积，使其穿孔尺寸相应增大。以 ϕ 12.7 mm 平头圆柱弹体撞击 7.3 mm 厚高硬度钢板为例，在靶板弹道极限测试中，钢板穿孔尺寸测量情况列于表 2.3。由表 2.3 可得，相比于无涂层钢板，含迎弹面涂层钢板的穿孔直径的平均尺寸值增加约 25%，其扩孔效应表明了钢板对初始冲击压力的成比例降低。

表 2.3　钢板和聚脲/钢板结构的穿孔尺寸

靶板类型	钢板穿孔直径平均值/mm
钢板	13.0
聚脲/钢板	16.2

3. 弹体部分侵彻钢板后区域变形测量

弹体对钢板等靶板的侵彻，往往关注于贯穿与未贯穿、失效模式及穿孔尺寸等终态结果，而对其瞬态响应的过程性研究较少。主要原因在于，弹体对钢板与涂层的作用区域小，结构响应时间短、幅度小，难以直观记录，并且弹体撞击处的钢板形变尺度差异不明显，直接度量的方法精准度低且对比单一。因此需要借助 DIC 技术等进行辅助测试，该技术多应用于脉冲或者爆炸冲击波作用下，变形明显且范围较大的靶板响应测试，但对于弹体部分侵彻钢板同样适用。主要测试内容为，迎弹或背弹面的实时响应与最终变形情况，常以撞击中心或靠近中心处为基准，通过位移与时间、位移与距离之间的关系，对比得到涂层对背部钢板变形的影响。

以 ϕ 12.7 mm 平头圆柱弹体撞击 7.3 mm 厚高硬度钢板为例，无涂层钢板的弹道极限 V_{50} 为 645 m/s，弹体以 610 m/s 速度分别撞击钢板和聚脲/钢板，在弹体不能穿透靶板的情况下，使钢板背部产生明显变形。采用 DIC 技术，对靶板的变形情况进行测试，背弹面撞击中心处的位移-时间关系、迎弹面偏离撞击中心 8 mm 处的位移-时间关系，以及背弹面撞击中心周边的位移-距离关系，分别如图 2.8、图 2.9 所示。

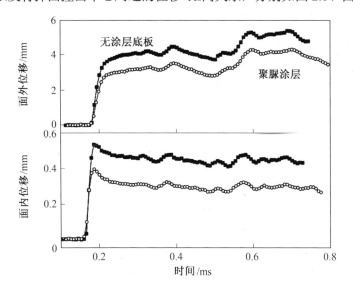

图 2.8　弹体加载钢板与聚脲/钢板结构的位移-时间关系

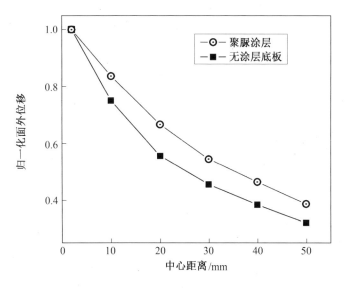

图 2.9　弹体加载钢板与聚脲/钢板结构的位移-距离关系

由图 2.8 可得，聚脲/钢板结构在响应过程中，迎弹与背弹面变形均小于无涂层钢板，且最终位移分别降低约 1/3 和 1/5。由图 2.9 可得，相比于各自钢板背部撞击中心处的最终位移，聚脲/钢板结构中钢板受载区域的整体变形程度要高于无涂层钢板，说明涂层的存在促进了应变在钢板中的横向传播，这与采用弹体完全侵彻钢板后穿孔尺寸测量方法，所得钢板穿孔扩大的结论相一致。

2.4 聚脲涂覆结构测试评估

2.4.1 喷涂聚脲技术

喷涂聚脲技术是将集物料输送、计量、混合、雾化和清洗等多功能于一体的设备系统，用于实现材料组分高速碰撞下生成聚脲材料的技术。喷涂聚脲技术经历了 SPU、SPU/SPUA、SPUA 三个阶段，喷涂聚脲弹性体技术（spray polyurea elastomer，SPUAE）是因其成型材料的属性而衍生，实质仍属于喷涂聚脲技术，除此之外还有反应注射模塑（Reaction Injection Moulding，RIM）等成型技术。喷涂聚脲体系由两个化学活性极高的成分组成，除基本原料之外，有时为了改善黏度、阻燃、耐老化、外观色彩、附着力等性能，还需加入稀释剂、阻燃剂、抗氧剂、颜料、硅烷偶联剂等助剂，助剂通常与端氨基成分、扩链剂统称为 R 组分。喷涂聚脲技术中采用高温高压撞击式混合方法，以实现聚脲的快速合成反应，并且适度增大压力与升高温度能够在一定程度上改善喷涂效果与材料性能。

喷涂聚脲技术具有以下多种优点：

（1）化学反应基本独立于环境的温度和湿度，涂层的制备应用能够适用多种条件。

（2）固化速度快，凝胶时间短，热稳定性好，不产生流挂现象。

（3）施工便捷且效率高，原型再现性好，适用于曲面、斜面、交接面等多种表面喷涂成型。

（4）配方体系可调，100%固含量，对环境友好，同时能够满足强度、硬度、耐受性能等多种应用需求。

喷涂聚脲技术通常以涂覆底材作为涂层的成型基础，实现对原有底材功能增强的作用。为提高涂层与底材所组成复合结构的整体性，在聚脲涂层施工前需对喷涂底材进行表面处理，以提高涂层与底材间的黏结强度，具体包括以下四个方面：

（1）清除底材表面灰尘、锈蚀等污垢，以及油、水等与聚脲相容性差的物质。

（2）修复底材表面存在的孔洞、裂纹等缺陷。

（3）形成漆膜需要的表面粗糙度，提高聚脲与底材表面间的相互作用力。

（4）增强涂层与底材之间的配套性和相容性。

对于金属装甲材料而言，表面除锈清洁与喷砂是其最基本的表面处理方法，除此之外，还可以利用氧化、钝化与磷化等化学转换的方式进行表面处理。化学转换与喷砂处理均能够在金属表面形成具有一定粗糙度的结构，有利于提高涂层与底材之间的附着力与相容性。同时，经处理后的表面增加了一层防护层，能够提高总体的防护能力。底材表面处理方法的选择，既需要根据所应用的底材类型和涂层类型，又需要根据底材加工后的光洁程度、污染程度及具体使用环境等，因此，在实际应用中，应根据具体要求采用适宜的表面处理方法。

2.4.2　聚脲涂覆结构

1. 聚脲涂层的材料选取

本书聚脲涂层的装甲防护应用研究中，聚脲材料的选取原则有以下四点：

（1）满足聚脲材料合成原理与基本性能要求。

（2）采用喷涂聚脲技术与装甲底材组成复合结构。

（3）能够与典型聚脲材料性能形成对比研究。

（4）同时兼顾抗弹防护与抗爆防护增强需求。

可以看出，以上四点选材原则分别对应于材料基础、成型方式、分析方法与最终目的。针对分析方法中涉及的对比研究，可选取两种及以上聚脲作为涂层材料，形成同种与多种加载形式、配置方式下的等条件对比。其中一种需与典型聚脲材料相近，即常态下表现为橡胶态属性，具有低硬度、高断后伸长率的特点，符合常规弹性体的力学性能特征；而另一种则与之相反，常态下表现为玻璃态属性，具有高硬度、低断后伸长率的特点，可能超出弹性体的定义特征。

基于聚脲涂层选材原则，选取常态下分别为橡胶态与玻璃态属性的两种聚脲材料，并分别定义为软质聚脲与硬质聚脲，软质聚脲、硬质聚脲材料的物理与力学等相关性能参数列于表 2.4 中。可以看出，两种聚脲材料除硬度与断后伸长率之外，其他物理与力学性能均保持相近，符合聚脲涂层抗弹抗爆防护材料差异化的分析对比需求。此外，通过 S4800 场发射扫描电镜（Scanning Electron Microscope，SEM）对软质、硬质聚脲的涂层表面进行观察，如图 2.10 所示。由图 2.10 可以看出，软质涂层与硬质涂层在初始状态并无明显差异。

表 2.4　软质聚脲与硬质聚脲的性能参数对比

材料类型	软质聚脲	硬质聚脲
密度/（g·cm^{-3}）	1.02	1.02
拉伸强度/MPa	24	25
撕裂强度/（kN·m^{-1}）	85	81
断后伸长率/%	400	45
邵氏硬度*	85～95 A	65～75 D
固含量/%	100	100
凝胶时间/s	10	20
耐冲击性/（kg·m^{-1}）	1.5	1.5
附着力/MPa	17	16

*邵氏硬度换算参照

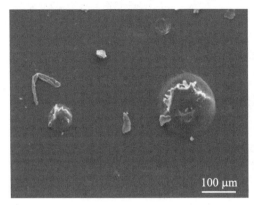 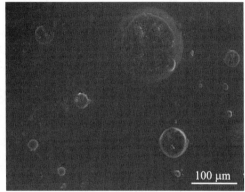

（a）软质聚脲　　　　　　　　　　　（b）硬质聚脲

图 2.10　软质聚脲与硬质聚脲涂层表面的微观情况

2. 底材材料与结构类型

聚脲涂覆结构采用的底材为常规的低碳合金钢板，钢板材料的物理与力学性能参数列于表 2.5 中，其应力-应变关系如图 2.11 所示。钢板底材根据防护测试需求，进行尺寸选择与机械加工，主要包括钢板结构定位孔加工与箱体结构焊接加工，加工完毕后，按照试验工况设计选择部分底材进行喷涂前的表面处理工作。钢板底材的表面处理方法为表面清洁、喷砂与刷底漆（红色），以达到涂层与钢板之间的最大黏结强度，底材喷涂聚脲前后情况如图 2.12 所示。

表 2.5　低碳合金钢板的物理与力学性能参数（准静态）

参数项	参数值
密度/（g·cm^{-3}）	7.84
拉伸屈服强度/MPa	274
拉伸强度/MPa	546
弹性模量/GPa	196
断后伸长率/%	32
压缩屈服强度/MPa	321
硬度/HBW	121

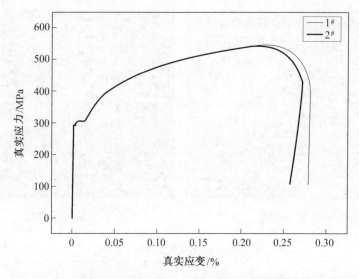

图 2.11 低碳合金钢材料的应力-应变关系

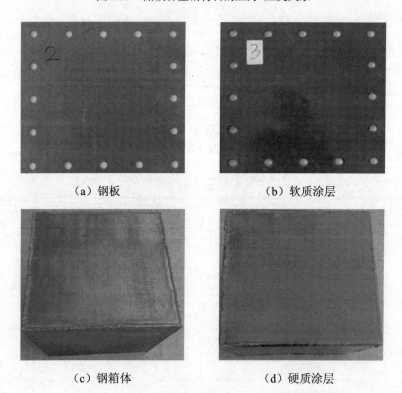

（a）钢板　　　　　　　　　　　（b）软质涂层

（c）钢箱体　　　　　　　　　　（d）硬质涂层

图 2.12 钢板与箱体结构及软质与硬质聚脲涂层

2.4.3　防护性能测试评估方法

聚脲作为防护涂层，其定位于实现结构的轻量化防护、抗弹防护增强与抗爆防护增强，以大型水面舰船作为典型防护结构，聚脲涂层与常规防护材料对比情况列于表 2.6 中。

由表 2.6 可以看出，常规舰船防护材料中，钢虽然能够兼顾抗弹与抗爆双重防护，但无法有效实现结构的轻量化防护；陶瓷、纤维增强复合材料的抗弹性能优异，也具备轻量化防护的优势，但其抗爆防护性能欠佳，难以满足多重防护要求；相比这三种防护材料，聚脲涂层在依托原有基础防护的同时，可满足防护结构的轻量化、抗弹增强与抗爆增强需求。

表 2.6　聚脲涂层与常规舰船防护材料对比情况

材料类型	抗弹防护	抗爆防护	轻量化防护
钢	√	√	
陶瓷	√		√
纤维增强复合材料	√		√
聚脲涂层	√	√	√

基于上述防护材料与需求分析，聚脲涂覆结构抗弹抗爆防护性能测试方法应围绕其防护需求与性能特性开展。但就现有研究而言，聚脲涂覆结构抗弹抗爆防护测试方法可以归纳为，单一载荷类型条件下单一类型聚脲涂层的单一防护性能测试，相关适用性与参考性均有较大限制。为此，本节提出多种载荷类型条件下多种类型聚脲涂层的双重防护性能测试方法，聚脲涂覆结构抗弹抗爆防护性能测试方法以及对比情况列于表 2.7 中，结构框架如图 2.13 所示。

聚脲涂覆结构抗弹抗爆防护性能测试方法，按照测试项目分为聚脲涂覆钢板抗弹性能测试与聚脲涂覆结构抗爆性能测试，抗弹性能测试包括低速弹体与高速弹体两类试验，抗爆性能测试包括空爆载荷与内爆载荷两类试验，抗弹与抗爆试验中包括软质聚脲涂覆结构与硬质聚脲涂覆结构两类复合结构。

表 2.7　聚脲涂覆结构抗弹抗爆防护性能测试方法情况

对比项	常规测试方法	本书测试方法
测试项目	单一防护性能 （抗弹或抗爆）	双重防护性能 （抗弹和抗爆）
抗弹测试	单一速度范围	多种速度范围
抗爆测试	单一外部爆炸加载 （板体结构）	外部爆炸和内部爆炸加载 （板体结构和箱体结构）
聚脲涂层	单一类型 （多为软质聚脲）	两种类型 （软质聚脲与硬质聚脲）

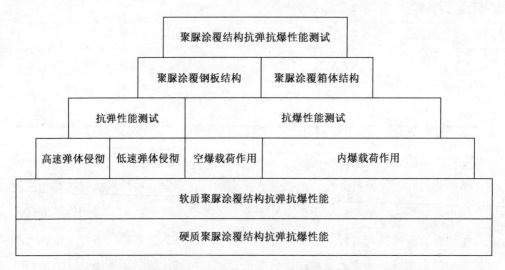

图 2.13　聚脲涂覆结构抗弹抗爆防护性能测试方法的结构框架

　　针对上述所提出的多种载荷类型条件下多种类型聚脲涂层的多重防护性能测试方法，对聚脲涂覆结构抗弹抗爆性能提出对应的评估方法，包括抗弹性能评价指标、抗爆性能评价指标以及评价指标的定义说明，具体评价指标列于表 2.8 中。

表 2.8　聚脲涂覆结构抗弹抗爆评价指标

测试项目	加载形式	评价指标
聚脲涂覆结构抗弹性能	高速弹体侵彻	速度衰减
		面密度吸收能
	低速弹体侵彻	弹道极限
		极限比吸收能
聚脲涂覆结构抗爆性能	空爆载荷作用	中心挠度
		平面度
	内爆载荷作用	失效等级

聚脲涂覆结构抗弹性能，是指防护结构对一定质量与撞击速度的弹体能够产生有效阻滞的能力，直接体现为弹体撞靶前后的速度改变情况，以是否彻底贯穿靶板为标准。弹体侵彻靶板后，形成部分击穿与完全击穿两种状态，对于确定弹体与靶板而言，可通过调节弹体撞击速度来改变击穿状态，以满足试验的抗弹性能考核需求。

（1）弹道极限 V_{50}。

当弹体侵彻能力与靶板防护能力相匹配时，相同撞击速度下，弹体对靶板同样存在不同的完全击穿概率，即为弹道极限。抗弹性能考核通常以 50%的完全击穿概率为参考标准，即弹道极限 V_{50}。

（2）速度衰减。

当弹体侵彻能力明显高于靶板防护能力时，弹体对靶板仅形成为完全击穿状态，弹体靶前撞击速度和靶后剩余速度之间的差值，即为速度衰减量。值得注意的是，弹道极限是速度衰减量的一种，不同的是弹道极限以形成概率为前提。

（3）面密度吸收能。

靶板单位面密度的能量吸收量，即为面密度吸收能。其中，能量吸收为弹体的动能变化量，包含了弹体质量与速度变量；面密度为单位面积的质量，能够反映靶板的整体重量情况，包含了质量因素同时又消除了厚度因素。

（4）极限比吸收能。

以靶板弹道极限 V_{50} 所对应弹体动能计算得到的面密度吸收能，即为极限比吸收能。在相等厚度底材条件下，相比无涂覆结构，聚脲涂覆结构整体重量提高，而极限比吸收能够反映等重条件下的结构抗弹性能。

聚脲涂覆结构的抗爆性能，是指防护结构抵御以冲击波为主要破坏形式的爆炸毁伤的能力。根据爆源与结构的内外相对位置，可将爆炸产生的环境分为自由场环境与（半）密闭环境，前者除加载面之外，对冲击波并无其他有效阻挡，而后者对冲击波能够形成包围式的阻挡，使其产生明显的汇聚现象，两种环境下施加的爆炸载荷分别对应于空爆载荷与内爆载荷。

（1）中心挠度与平面度。

靶板在空爆载荷作用下产生一定塑性变形，中心挠度为靶板背部中心点处与底部平面的相对高度差，平面度为受载平面若干点坐标与底部平面的相对高度差。中心挠度表示最大变形量，而平面度表示体积变形量，对于简单载荷作用钢板结构，两者反映的变形规律相近，但对于复杂载荷作用所形成变形，平面度适用性更高。

（2）失效等级。

抗爆结构失效一般分为变形失效与破坏失效两种，结合变形情况以及破口尺寸等破坏情况，划分的轻微失效、中等失效与严重失效等失效等级，是对箱体结构抗内爆载荷性能的常见评价指标之一。以失效等级对箱体结构抗爆性能进行整体评估的原因在于，箱体结构各板面尺寸与加工的误差累积以及内爆载荷的复杂性，使得箱体结构局部变形与破坏规律出现差异，因此需要从结构整体角度进行性能评估。

2.5　本章小结

本章对聚脲涂层防护应用的相关理论进行了研究，分析说明了聚脲材料在化学、材料与力学等方面的原理以及涂层防护效应，确定了聚脲涂覆结构抗弹抗爆试验研究的涂层材料类型、测试与评估方法等，主要内容与结论有以下几点：

（1）聚脲材料的微相分离特性、玻璃化转变温度与力学性能多样性是其主要特征与应用参考指标，基于已有聚脲涂层防护研究，得到了应变率效应、玻璃化转变效应与横向扩散效应的涂层防护效应，能够为聚脲涂覆结构抗弹抗爆防护性能与机制研究提供理论支撑与技术指导。

（2）聚脲涂层成型采用喷涂聚脲技术，针对聚脲涂层装甲防护应用研究，提出了聚脲材料的选取原则，除常规低硬度、高伸长率的软质聚脲，引入了高硬度、低伸长率的硬质聚脲作为试验用抗弹抗爆防护涂层，分析了两种涂层主要力学性能与初始微观形貌差异，以及钢板底材的力学性能与喷涂加工过程。

（3）以水面舰船为典型防护目标，依托舰船典型防护结构，提出了钢板与箱体的防护测试结构，通过对比常规聚脲涂覆结构测试方法，提出了多种载荷类型条件下多种类型聚脲涂层的多重防护性能测试方法，根据所提出的聚脲涂覆结构抗弹抗爆测试方法，提出了不同试验测试所对应的评价指标。

第 3 章　聚脲涂覆结构抗弹防护性能与机制研究

3.1　引言

聚脲涂覆结构的抗弹性能关系到作战环境下涂覆结构的安全性。基于聚脲涂覆结构抗弹抗爆性能测试与评估方法，即多种载荷类型条件下多种类型聚脲涂层的双重防护性能测试与评估方法，本章针对聚脲涂覆钢板结构的抗弹性能，对防护结构分别在低速弹体和高速弹体侵彻下的防护性能与机制进行分析，研究涂层材料与涂层位置等对涂覆结构抗弹性能的影响规律，并对比软质与硬质涂层的抗弹性能提升效果。

3.2　弹体侵彻试验

3.2.1　侵彻试验设置

靶试系统主要包括 12.7 mm 口径的滑膛弹道枪、靶架装置、靶板、测速装置及回收装置，如图 3.1 所示。滑膛弹道枪是弹体的发射装置，弹体需配置尼龙弹托，并与装有火药的药筒组合后进行击发驱动，尼龙弹托与枪膛为过盈配合，膛内与弹体共同加速运动，能够保持弹体姿态的稳定性，出膛后，轻质的弹托在空气阻力作用下脱离弹体，而后弹体维持原有姿态飞行一段距离后撞击靶板，弹体撞击速度可通过改变火药质量进行调节。

靶架装置由多个试验台组成，用于放置、固定靶板与测速装置。靶板的尺寸规格均为 400 mm×400 mm，使用夹具进行边界固支，靶板平面应与弹道枪中心轴线垂直，并调整至适度的射击距离，以保证弹体与弹托的及时分离。每发射击完毕后，为避免多发造成的相互干扰，次发射击位置的瞄准点应距上发中心处及靶板边界处 5～8 倍弹径，当破坏范围较大时可适当增大间距，以保证多次射击条件下试验数据的准确性。测速装置采用通断式绕线靶进行测速，靶板前后各安装一组，分别测量靶前撞击速度与靶后剩余速度，靶后放置沙箱用于回收穿靶弹体。

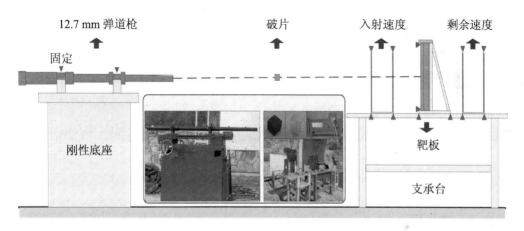

图 3.1　靶试系统示意及实物图

聚脲涂层兼顾有抗弹与抗爆增强需求，符合战斗部叠加爆炸冲击波与破片毁伤的应用情景，对此，抗弹防护评估试验参照美国"AGM-78"型反辐射导弹的预制破片杀伤战斗部设计，采用质量为 3.3 g、尺寸规格为边长 7.5 mm 的立方体钢质破片，下文统称为立方体弹体或弹体。弹体材料为 35CrMnSiA，经热处理后材料的物理与力学性能参数列于表 3.1 中。考虑到该种弹体实际加载目标的复杂性，评估试验对其加载属性进行了部分简化设定，包括着靶姿态统一设定为面着靶，撞击速度划分为低速与高速两个区间等，以便开展聚脲涂覆钢板结构的靶试与评定分析。

表 3.1　弹体材料的物理与力学性能参数

密度/ （g·cm^{-3}）	拉伸屈服强度/ MPa	拉伸强度/ MPa	弹性模量/ GPa	断后伸长率/ %	压缩屈服强度/ MPa	硬度/ HRC
7.85	1 366	1 716	194	10	1 675	49.3

3.2.2 涂覆结构设计

根据是否含聚脲涂层，靶板分为无涂层钢板与含涂层钢板两类。含涂层钢板中，根据弹体加载位置的不同，可将涂层分为迎弹面涂层与背弹面涂层两种，当迎弹面涂层与背弹面涂层同时存在时，定义其为双面涂层。

根据聚脲种类的不同，可进一步将涂层分为硬质聚脲涂层与软质聚脲涂层两种类型。钢板底材包括 3 mm 与 3.8 mm 两种厚度，聚脲涂层包括 3 mm 与 6 mm 两种厚度，组成 6 mm 厚聚脲涂层/3 mm 厚钢板、3 mm 厚钢板/6 mm 厚聚脲涂层、3 mm 厚聚脲涂层/3 mm 厚钢板/3 mm 厚聚脲涂层三种含涂层结构，对应靶板面密度均为 29.64 g/cm^2，3.8 mm 厚钢板的面密度为 29.79 g/cm^2，两者之间最大偏差小于 1%，达到设计所需的相等面密度原则。除相等面密度原则之外，相等厚度底材原则也为设计方法之一，即相同弹体加载条件下，对两种涂覆钢板结构中对应厚度底材的无涂覆钢板进行对比试验。

3.2.3 侵彻试验结果及分析

1. 软质聚脲涂覆结构抗高速弹体试验结果

首先对软质聚脲涂层与钢板底材组成的涂覆结构进行了高速弹体加载试验，相等面密度条件下，包括无涂覆钢板、迎弹面涂覆钢板、背弹面涂覆钢板与双面涂覆钢板四组工况类型，弹体靶前撞击速度保持在 1 300～1 450 m/s 区间，每组工况包含 2 发以上有效数据，偏差保持在 30 m/s 以内，测得对应的靶前平均撞击速度、靶后平均剩余速度，得到不同工况下靶板对高速弹体的速度降低量及提升幅度，试验结果列于表 3.2。

由表 3.2 可以看出，每组工况中靶前平均撞击速度相近，但靶后平均撞击速度却出现明显差异，相比于无涂覆钢板，相等面密度的三种软质聚脲涂覆钢板结构的速度降低量均有所提高，并且双面涂覆钢板提高幅度最大，迎弹面涂覆钢板次之，最后为背弹面涂覆钢板。由此说明，相等面密度条件下，软质聚脲涂层能够提高涂覆结构的抗高速弹体侵彻性能，并且迎弹面涂层提升效果优于背弹面涂层，当涂层厚度一定时，双面等厚度涂层提高效果最佳。

表 3.2　高速弹体侵彻无涂覆钢板及聚脲涂覆钢板结构的试验结果

序号	聚脲类型	涂层位置	钢板厚度/mm	涂层厚度/mm	靶前撞击速度/（m·s^{-1}）	靶后剩余速度/（m·s^{-1}）	速度降低量/（m·s^{-1}）
1	无	N/A*	3.8	N/A	1 388.18	834.26	553.92
2	软质聚脲	迎弹面	3.0	6.0	1 383.54	693.77	689.77（+24.5%）
3		背弹面	3.0	6.0	1 371.30	791.90	579.40（+4.6%）
4		双面	3.0	3.0+3.0	1 415.69	670.58	745.11（+34.5%）

*N/A（not applicable）表示不适用，"涂层位置"中表示靶板结构不含涂层。

2. 软质聚脲涂覆结构抗低速弹体试验结果

基于上述试验结论，在相等厚度底材条件下，进一步开展了软质聚脲涂覆钢板结构抗低速弹体侵彻试验，试验结果对应于表 3.3 中工况 1$^#$～4$^#$，除无涂覆钢板厚度降低之外，聚脲涂覆钢板的结构配置与高速弹体加载试验中保持相同，弹体靶前撞击速度在 300～550 m/s 区间，获得不同组工况的弹道极限 V_{50}。

表 3.3　低速弹体侵彻无涂覆钢板及聚脲涂覆钢板结构的试验结果

序号	聚脲类型	涂层位置	钢板厚度/mm	涂层厚度/mm	弹道极限 V_{50}/（m·s^{-1}）
1	无	N/A	3.0	N/A	367.73
2	软质聚脲	迎弹面	3.0	6.0	449.73
3		背弹面	3.0	6.0	424.93
4		双面	3.0	3.0+3.0	468.64
5	硬质聚脲	迎弹面	3.0	6.0	501.99
6		背弹面	3.0	6.0	377.16
7		双面	3.0	3.0+3.0	462.17

由表 3.3 可以看出，相比于无涂覆钢板，相等厚度底材的三种软质聚脲涂覆钢板的弹道极限 V_{50} 均有明显提升，并且双面涂覆钢板提升幅度最大，迎弹面涂覆钢板次之，最后为背弹面涂覆钢板，所得规律与相等面密度的涂覆结构抗高速弹体侵彻试验一致。由此说明，相等厚度底材条件下，软质聚脲涂层同样能够有效提高涂覆结构的抗低速弹体侵彻性能，并且迎弹面涂层提升效果优于背弹面涂层，当涂层厚度一定时，双面等厚度涂层提高效果最佳。

通过分别对软质聚脲涂覆钢板结构进行的高速弹体与低速弹体加载试验，可以得到软质聚脲涂层对涂覆钢板抗弹性能提升的有效性，以及涂层位置与厚度配置对结构抗弹性能的影响作用，并且两组试验所得规律与结论具有一致性。

从抗弹性能考核角度来看，聚脲涂层与钢板底材组成涂覆结构的设计原则中，相比于原有装甲结构，相等面密度与相等厚度底材分别对应于等重与增重结构，能够满足等重或轻质增重等多种防护增强需求。其中，等重结构抗弹性能的提升能够直接证明软质聚脲涂层的防护增强；增重结构抗弹性能得到提升的同时，其提升幅度相比等重结构中对应工况配置均有大幅增加，使得软质聚脲涂层对涂覆钢板抗弹性能的提升效果与影响规律得到进一步验证。

3. 硬质聚脲涂覆结构抗低速弹体试验结果

以硬质聚脲为涂层材料，对硬质聚脲涂层与钢板底材组成的涂覆结构进行了低速弹体加载试验，试验结果对应于表 3.3 中工况 $1^{\#}$、$5^{\#}\sim7^{\#}$，在相等厚度底材条件下，每组工况中涂层厚度、涂层位置均与低速弹体撞击软质聚脲涂覆钢板结构试验相同，弹体靶前撞击速度在 $300\sim600$ m/s 区间，获得不同组工况的弹道极限 V_{50}。

由表 3.3 可以看出，相比无涂覆钢板，虽然相等厚度底材的三种硬质聚脲涂覆钢板的抗弹性能均有所提高，但相比软质聚脲涂层，对应配置工况的提高幅度却有明显区别，迎弹面硬质聚脲涂覆钢板的提高幅度增大至 36.5%，而背弹面硬质聚脲涂覆钢板的提高幅度却大幅减小至 2.6%，双面硬质聚脲涂覆钢板则保持相近，具体对比情况如图 3.2 所示。

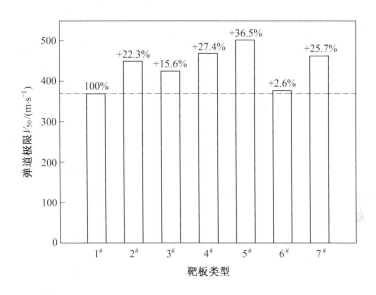

图 3.2　不同工况下聚脲涂覆钢板结构弹道极限 V_{50} 对比情况

对于相等厚度底材设计原则，相比于无涂覆钢板，聚脲涂覆钢板结构中额外增加了涂层的重量，限制了等重防护增强需求的直接评估，为此，可从能量吸收结合面密度的角度进行量化评估，无涂覆钢板、硬质聚脲涂覆钢板结构和软质聚脲涂覆钢板结构对应的极限比吸收能如图 3.3 所示。

结合图 3.2 和图 3.3 可以看出，在消除质量差异的影响之后，相比无涂覆钢板，相同厚度底材的聚脲涂覆钢板结构的极限比吸收能增减不一，除背弹面硬质聚脲涂覆钢板之外，其他类型聚脲涂覆钢板结构依旧保持极限比吸收能增长，但提高幅度相比弹道极限 V_{50} 均有所改变。其中，背弹面软质聚脲涂覆钢板的提高幅度降低约 10%，而迎弹面硬质聚脲涂覆钢板的提高幅度增加约 10%，不同配置下涂层对结构抗弹性能的影响优劣更为明显。单就背弹面硬质聚脲涂覆钢板来说，其极限比吸收能降低幅度达到 16.5%，说明硬质聚脲作为背弹面涂层时，不但没能有效提高反而大大降低了结构对弹体动能的吸收能力，不能实现对等重结构抗弹性能的增强。

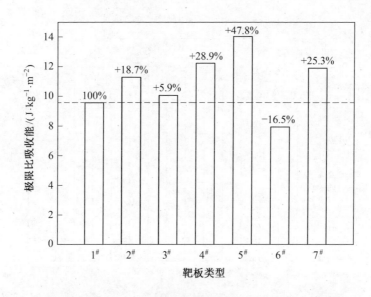

图 3.3 不同工况下聚脲涂覆钢板结构极限比吸收能对比情况

4. 软质聚脲与硬质聚脲涂层抗弹增强对比

基于试验所测弹道极限 V_{50}，以极限比吸收能为抗弹性能评估标准，对不同类型聚脲涂覆钢板结构中软质与硬质聚脲涂层对结构抗弹性能的增强效果进行对比，可按聚脲涂层位置、聚脲材料类型等多种情况分析，所得如下。其中，双面涂覆钢板中，迎弹面与背弹面涂层厚度可调，前后涂层等厚仅为一种配置情况，因此需单独说明。

（1）涂层位置一致时。

①迎弹面涂层：硬质聚脲优于软质聚脲。

②背弹面涂层：软质聚脲优于硬质聚脲。

（2）聚脲类型一致时。

①软质聚脲：迎弹面涂层优于背弹面涂层。

②硬质聚脲：迎弹面涂层优于背弹面涂层。

（3）双面涂层配置时。

①3 mm+3 mm：软质聚脲优于硬质聚脲。

②软质聚脲：3 mm+3 mm 配置优于 6 mm+0 mm 配置。

③硬质聚脲：6 mm+0 mm 配置优于 3 mm+3 mm 配置。

3.3　弹体侵彻下钢板底材防护机制

3.3.1　立方体弹体对钢板的着靶姿态分析

在钢板底材的抗弹性能测试中，以弹体对钢板底材进行正侵彻为评估前提，侵彻的定义为弹体在靶板中的运动，能否产生正侵彻取决于弹体的着靶姿态，弹体着靶的攻角与落角影响作用在弹体上的力与力矩，从而决定了着靶后侵彻前这一过程的弹体姿态。弹体撞击钢板介质的瞬间，以接触点为施力点所产生的阻力方向与介质表面垂直。随着弹体与介质之间的摩擦力增大，阻力方向会向弹轴方向产生一定的偏转，产生的力矩使得弹体攻角改变。弹体落角较小且头部较尖锐时，力矩使弹体攻角增大；但当弹体落角很大，弹体头部较平钝时，可能出现相反的情况即弹体的攻角减小。

对于所选立方体弹体而言，其依托预制破片杀伤战斗部背景，战斗部爆炸破碎后立方体破片式弹体飞散过程中多存在旋转，旋转使得弹体着靶时存在面着靶、边着靶和角着靶三种初始姿态。相比常规圆柱形弹体，立方体弹体边着靶时，因弹体自身的对称性，落角大小造成攻角的增减与否，最终都会使得弹体转变为面着靶，不会因着靶姿态而产生跳飞现象。不同于常规圆柱形弹体的是，当考虑圆柱形弹体的自身旋转时，会增加其受力分析的复杂性与着靶转变的不确定性，但当立方体弹体存在旋转角速度的作用时，任意的初始侵彻姿态将以正面侵彻最为稳定，在弹道的侵彻阶段任意侵彻姿态都将趋于面侵彻，并且靶板仅为钢板时弹体对钢板整体的侵彻性能相近。

弹体的侵彻作用是以贯穿装甲、实现杀伤为最终目的，除特定研究中有斜侵彻加载需求外，为达到弹体的高效穿甲，靶试中弹体对靶板的作用以正侵彻加载为主，即弹体弹道方向的初始设定均与靶板迎弹表面相垂直，弹体产生的翻转为飞行过程中空气阻力所致，相比线膛膛内加速而产生的旋转效果，立方体弹体的翻转程度是有限的，结合上述弹体受力状态分析，非面着靶弹体能够实现着靶姿态的有效转变。为进一步保证弹体对含涂层钢板结构侵彻试验的一致性，统一认定面着靶为弹体的正着靶姿态，在采用滑膛弹道枪进行加载的基础上，通过配合专用弹托与适当降低射击距离的方式，以提高弹体出膛后的飞行稳定性与正着靶概率。此外，通过回收后的弹体可以看出，低速弹体完成侵彻后，弹体的主要变形产生于其平面处，头部有明显的镦粗变形现象，如图 3.4 所示。

撞击面

图 3.4　低速弹体侵彻试验中弹体的变形情况

3.3.2　钢板在弹体侵彻下的失效模式分析

弹体撞击装甲目标时，具有一定的动能，对装甲介质产生一定的侵彻作用。弹体侵彻装甲时，影响靶板破坏形态的基本因素除了弹体着靶角度之外，还包括弹体的头部形状、靶板的相对厚度和材料的力学性能。以钢质板材装甲为例，当尖头弹体撞击钢板时，易产生韧性，即延性扩孔穿甲；而钝头弹体撞击钢板时，则易产生剪切冲塞穿甲。因弹体头部形状而产生破坏差异的原因为，尖头弹体侵彻时，容易对钢板形成排挤作用，使得材料产生塑形流动；钝头弹体侵彻时，弹体的作用面积相对较大但应力较小，材料不易产生塑性流动而有利于形成剪切作用。

对于常规靶试用平头圆柱形弹体而言，钢板厚度 b 与弹体直径 d 之比可定义为钢板的相对厚度，即 $C=b/d$。当钢板弯曲变形较小时，钢板的破坏形态主要取决于钢板抗剪切冲塞力和抗弹体侵入力之间的关系，为确定此关系，可假设钢板为理想的弹塑性体，弹体为圆柱形的刚体，忽略钢板的惯性抗力，则弹体侵入钢板时，其抗侵彻力 F_1 可表示为

$$F_1 = \frac{H_z \pi d^2}{4} \tag{3.1}$$

式中，H_Z 为钢板的表面硬度。

硬度与屈服极限之间的关系为

$$\sigma_s = k H_Z \tag{3.2}$$

式中，系数 k 可近似取为 0.4，则可得

$$F_1 = \frac{\sigma_s}{k} \cdot \frac{\pi d^2}{4} = \left(\frac{2.5}{4}\right) \sigma_s \pi d^2 \tag{3.3}$$

塞块的抗剪切力 F_2 取决于剪切面积和剪切强度：

$$F_2 = \pi d b \tau_s \tag{3.4}$$

式中，$\tau_s \approx \dfrac{\sigma_s}{2}$，由此可得

$$F_2 \approx \frac{\pi d b \sigma_s}{2} \tag{3.5}$$

当钢板的侵彻抗力大于抗剪切力时，钢板的破坏过程是以剪切冲塞开始，即

$$F_1 > F_2$$

$$\left(\frac{2.5}{4}\right) \sigma_s \pi d^2 > \frac{\pi d b \sigma_s}{2} \tag{3.6}$$

由此可以得到相对厚度如下：

$$C = \frac{b}{d} < 1.25 \tag{3.7}$$

反之，当钢板的侵彻抗力小于抗剪切力时，钢板的破坏过程是以侵入开始，可得

$$C = \frac{b}{d} > 1.25 \tag{3.8}$$

显然，钢板产生剪切破坏或者侵入破坏的临界条件为

$$C = 1.25$$

由上述分析可以看出，在其他条件相同的情况下，钢板厚度大于弹体直径时，易产生侵彻破坏形式；当钢板厚度小于弹体直径时，则易产生剪切冲塞破坏形式；而当钢板厚度与弹体直径相近时，往往会出现两种破坏形式的组合。对于所用弹体而言，正侵彻条件下同样适用于上述破坏分析，不同的是立方体弹体是以边长 l 为计算项，计算钢板厚度 b 与弹体边长 l 之比的钢板相对厚度，得到钢板产生剪切破坏或侵入破坏的临界条件同样为 $C = 1.25$。评估测试中，钢板厚度与弹体边长分别为 3 mm 与 7.5 mm，可以得到，此时的钢板相对厚度为 0.4 mm，远小于其临界条件值，因此说明了钢板的破坏过程是以侵入开始。

在实际靶试中，出现较多的是以侵入破坏形式开始，以剪切冲塞破坏形式结束的情况，低速弹体侵彻作用下，钢板失效随弹体速度的演变示意情况以及变化情况分别如图 3.5、图 3.6（a）～（c）所示。可以看出，弹体侵入钢板后，除直接作用区域下陷变形外，周围形成有小范围的连带变形，分别对应于侵彻区与扰动区。当弹体速度较低时，弹体难以对钢板形成有效破坏，出现有弹体跳飞现象，钢板表面形成有方形浅坑。当弹体速度继续增加，弹体能够完成一定的侵彻深度，但仍不足以完全贯穿钢板时，出现弹体嵌入钢板现象。当弹体侵彻能力与钢板防护能力相匹配时，有一定概率形成临界贯穿现象，即对应于弹道极限，弹体对钢板最终形成剪切冲塞破坏，形成与弹体尺寸相近的方形穿孔。

图 3.5　低速弹体侵彻作用下钢板的失效演变

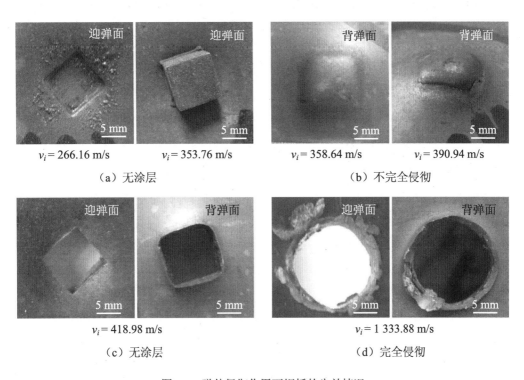

图 3.6　弹体侵彻作用下钢板的失效情况

对于高硬度高强度弹体侵彻低硬度低强度钢板来说，钢板材料容易被弹体排开而形成微粒运动。由于微粒运动的结果，入口周围产生少量塑性流出或者飞溅，背部产生堆积并形成鼓包，剪切冲塞完成后，穿孔出口边界断裂处形成塑性翻边，形成的塞块尺寸略大于弹体尺寸，对应的穿孔出口处尺寸略大于入口处尺寸，同时塞块厚度小于钢板厚度。当高速弹体侵彻钢板时，钢板材料的惯性作用更为明显，加剧向最小抗力方向的塑形流动,横向破坏作用的增强使得穿孔尺寸增大且形状趋于圆形,并且穿孔前后均形成有花瓣型卷边,如图 3.6(d)所示。同时,高速撞击下的强动载荷作用,使得弹体头部出现有明显变形与局部破坏,塞块尺寸与厚度也有所减小。

3.3.3 不同聚脲涂层对钢板失效模式的影响

聚脲涂覆效应,是指聚脲涂层与钢板的涂覆结构中,聚脲涂层对钢板底材原有失效模式的影响,影响因素主要包括聚脲的材料类型与涂层位置。对于确定失效模式的钢板,低速弹体对钢板剪切冲塞作用下以形成方形穿孔为主,且聚脲涂层的存在并不会改变钢板原有的基本失效模式。钢板穿孔大小能够直接反映其吸能情况,通过测量穿孔边长的尺寸范围与平均值,可得到聚脲涂层对钢板防护吸能的影响。聚脲涂覆钢板结构中,涂层所在位置一侧无法直接获取钢板的穿孔尺寸,需测量无涂层一侧的钢板穿孔尺寸后,与无涂覆钢板对应位置处进行对比,不同涂层位置下钢板穿孔的入口与出口侧尺寸对比情况,分别如图 3.7、图 3.8 所示。由图 3.7、图 3.8 可得,无涂覆钢板上穿孔入口与出口侧的尺寸范围分别为 7.3~8.0 mm、9.1~10.2 mm,验证了钢板失效模式中穿孔出口处尺寸略大于入口处尺寸的结论。

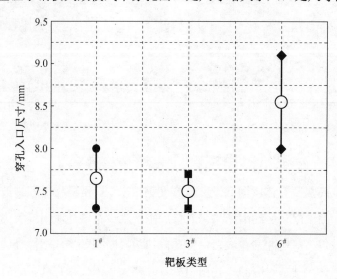

图 3.7 不同聚脲涂覆钢板结构中钢板穿孔的入口侧尺寸

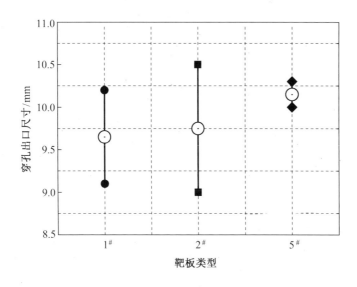

图 3.8　不同聚脲涂覆钢板结构中钢板穿孔的出口侧尺寸

　　与无涂覆钢板穿孔的入口侧尺寸对比的，包括背弹面软质聚脲涂覆钢板与背弹面硬质聚脲涂覆钢板两种工况，其入口侧尺寸范围分别为 7.3～7.7 mm、8.0～9.1 mm。由其平均值可以看出，当背弹面涂层为软质聚脲时，钢板穿孔尺寸无明显变化；而当背弹面涂层为硬质聚脲时，钢板穿孔尺寸明显增加。同样地，与无涂覆钢板穿孔的出口侧尺寸对比的，包括迎弹面软质聚脲涂覆钢板与迎弹面硬质聚脲涂覆钢板两种工况，其出口侧尺寸范围分别为 9.0～10.5 mm、10.0～10.3 mm。由其平均值可以看出，当迎弹面涂层为软质聚脲时，钢板穿孔尺寸无明显变化；而当迎弹面涂层为硬质聚脲时，钢板穿孔尺寸有所增加。

　　综上可得，聚脲涂覆效应中，在聚脲涂层不改变钢板剪切冲塞失效模式的前提下，软质聚脲涂层对钢板穿孔尺寸的影响很小，而硬质聚脲涂层对钢板穿孔尺寸的影响明显，当其分别位于迎弹面与背弹面时，钢板穿孔尺寸均有所增大，促进了钢板的吸能作用。硬质聚脲能够提高钢板吸能的原因在于，迎弹面涂层增大了弹体对钢板的加载面积，背弹面涂层的支承作用增强了弹体对钢板的径向作用。弹体对钢板的作用力可分解为轴向应力与径向应力两种，轴向应力主要完成贯穿作用，径向应力则主要完成横向扩孔。剪切冲塞形式下以轴向作用为主，弹体速度越大，其径向作用越明显。正因如此，低速弹体与高速弹体加载下分别形成近尺寸方形穿孔与大尺寸圆形穿孔。对此，弹体加载时，迎弹面硬质聚脲涂层横向大范围破坏会间接增大钢板的受载面积，而背弹面硬质聚脲涂层对弹体轴向作用的抑制使得横向作用增强，这些都是高弹性软质聚脲涂层所不能达到的。但值得注意的是，聚脲涂覆钢板结构中，横向增强作用是短暂的且效果是有限的，单独的钢板底材吸能增加并不意味着复合结构整体的抗弹性能得到提升，需结合涂层自身吸能等多方面因素进行综合考量。

3.4 弹体侵彻下软质涂层防护机制

3.4.1 迎弹面软质涂层的玻璃化转变效应

由第 2 章中关于玻璃化转变效应的描述可知，对聚脲涂层形成橡胶态向玻璃态转变过程的关键所在为其加载应变率。迎弹面涂层在弹体面侵彻与钢板底材背部支承的共同作用下，能够形成快速压缩环境，达到转变所需的高应变率条件，其失效模式为玻璃态下的压剪破坏，形成的断口为高吸能状态；而背弹面涂层则难以达到此转变条件，其失效模式为橡胶态下的拉伸破坏，形成的断口为低吸能状态。迎弹面与背弹面涂覆钢板的典型失效情况，如图 3.9 所示。

对于常规的评估试验环境，软质聚脲涂层产生玻璃化转变效应需要的应变率约为 $10^5 \sim 10^6 \ s^{-1}$，压缩条件下的平均加载应变率 ε 可近似等于弹体速度 v 与涂层厚度 l 的比值，推导如下：

冲击载荷作用下，加载速度为单位时间内、单位面积上载荷增加的数值，其量纲是 MPa/s。由于加载速度的增加，变形速度也随之增加。变形速度为单位时间的形变量，有两种表示方法：

（1）变形速度 $v = \dfrac{\mathrm{d}l}{\mathrm{d}t}$，量纲是 m/s，$t$ 是时间。

（2）应变速率 $\dot{\varepsilon} = \dfrac{\mathrm{d}\varepsilon}{\mathrm{d}t}$，$\varepsilon$ 是试样的真应变，量纲是 s^{-1}。由于 $\mathrm{d}\varepsilon = \dfrac{\mathrm{d}l}{l}$，所以关系式 $\dot{\varepsilon} = \dfrac{v}{l}$ 成立。

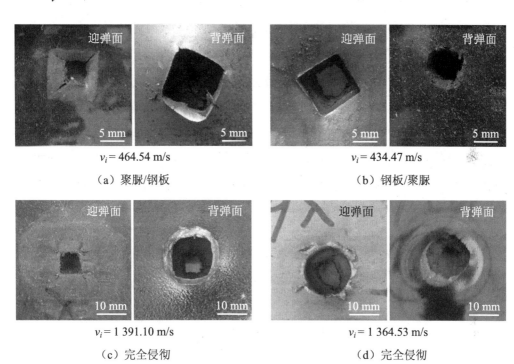

（a）聚脲/钢板　　　　　　　　　　（b）钢板/聚脲

（c）完全侵彻　　　　　　　　　　（d）完全侵彻

图 3.9　软质聚脲涂覆钢板结构的典型失效情况

由此算得，低速弹体作用下，6 mm 厚迎弹面涂层的加载应变率约为 $0.8 \times 10^5\ \mathrm{s}^{-1}$，3 mm 厚迎弹面涂层的加载应变率约为 $1.6 \times 10^5\ \mathrm{s}^{-1}$。同样地，高速弹体作用下，6 mm 与 3 mm 厚迎弹面涂层的加载应变率分别约为 $2.3 \times 10^5\ \mathrm{s}^{-1}$、$4.6 \times 10^5\ \mathrm{s}^{-1}$。显然，试验的加载应变率基本满足聚脲的转变条件。同时，可以看出，迎弹面涂层厚度与弹体加载速度的不同，会造成加载应变率的明显差异，从而影响涂层因玻璃化转变效应而产生的能量吸收情况。对此，可采用转化效率，用以定义迎弹面涂层在不同厚度与加载应变率下的能量吸收情况，并通过单位厚度涂层对结构吸能的增幅进行定量分析。

对于低速弹体侵彻试验结果，迎弹面涂覆钢板中，6 mm 厚涂层对结构极限比吸收能的增幅为 18.7%，按照增幅/涂层厚度计算可得，其单位厚度对结构极限比吸收能的增幅约为 3.1%。双面涂层钢板中，3 mm 厚迎弹面涂层对结构极限比吸收能的增幅，需减去背弹面涂层的增幅，可假设应变率效应影响较小的背弹面涂层利用率相同，即单位厚度背弹面涂层的增幅为定值。背弹面涂覆钢板中，6 mm 厚涂层对结构极限比吸收能的增幅为 5.9%，其单位厚度对结构极限比吸收能的增幅约为 1%，所对应的双面涂层钢板中 3 mm 厚背弹面涂层对结构极限比吸收能的增幅为 3%。双面涂覆钢板中，3 mm 厚迎弹面涂层与 3 mm 厚背弹面涂层对结构极限比吸收能的总增幅为 28.9%，由此可得，3 mm 厚迎弹面涂层对结构极限比吸收能的增幅为 25.9%，其单位厚度对结构极限比吸收能的增幅约为 8.6%，约为 6 mm 厚迎弹面涂层的 2.8 倍。可以看出，相同加载速度下，3 mm 厚迎弹面涂层的转化效率明显高于 6 mm 厚迎弹面涂层的转化效率。

与低速弹体侵彻试验相比，高速弹体侵彻试验所得相同工况下聚脲涂覆钢板结构抗弹性能的结论一致，即迎弹面涂层、背弹面涂层与双面涂层对涂覆结构抗弹性能的影响规律相同，且增幅情况相近。按单位厚度涂层对结构面密度吸收能的增幅计算，同样可以得到 3 mm 厚迎弹面涂层的转化效率高于 6 mm 厚迎弹面涂层的转化效率的结论。

值得注意的是，相同厚度迎弹面涂层在由低速弹体到高速弹体的加载转变中，加载应变率提高约 2.9 倍，但单位厚度涂层对结构能量吸收的增幅却保持相近。其原因在于，转化效率对比所用的增幅是一个相对量，对应于不同弹体速度下钢板的吸能情况，而钢板随着弹体速度的增加也会出现明显的强化现象，因此单位厚度涂层对结构能量吸收的增幅并未随速度增大而大幅提高。单就加载应变率对涂层的影响而言，可通过单位厚度迎弹面涂层对弹体的速度或动能衰减量得到明确体现，但从抗弹防护评估角度来看，能量的相对量更具对比性。

3.4.2　弹体速度对软质涂层失效模式的影响

弹体对靶板侵彻作用下，在由低速到高速的提升过程中，钢板的宏观失效模式呈现出较为明显的速度效应，同样地，软质聚脲涂层的失效情况随弹体撞击速度的增加而改变，并且迎弹面涂层与背弹面涂层差异显著，主要表现为穿孔形状与尺寸的变化，如图 3.10 所示。

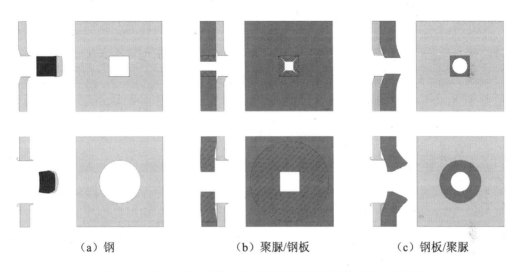

（a）钢　　　　　　（b）聚脲/钢板　　　　　　（c）钢板/聚脲

图 3.10　低速与高速弹体加载下不同聚脲涂覆钢板结构破坏情况

聚脲涂覆钢板结构的典型破坏情况中，仅以聚脲作为单面涂层时弹体穿透靶板为共同前提。由图 3.10 可以看出，低速弹体加载下，迎弹面涂层侵彻区整体有明显压缩现象，中心位置形成有小于弹体尺寸的方形穿孔，穿孔沿对角线向外有明显的撕裂破坏，背弹面涂层形成有近似圆形的穿孔，涂层穿孔尺寸小于钢板穿孔尺寸，穿孔周围有小范围的拉伸隆起；高速弹体加载下，迎弹面涂层侵彻区整体被剪切后形成方形穿孔，不同于低速侵彻作用的是，其侵彻区外还观察到有明显的扰动区，扰动区呈圆形区域，其直径约为 4～5 倍的方形穿孔尺寸，背弹面涂层同样形成有圆形穿孔，涂层穿孔尺寸有所增大但远小于钢板穿孔尺寸，并且穿孔周围的隆起范围与程度相比低速时更大。

聚脲涂层在不同涂层位置时存在受力形式的差异，相同受力形式下，聚脲涂层随撞击速度的增进，其破坏也随之升级。迎弹面涂层的受力形式主要为压缩与剪切作用，弹体速度越大，剪切作用越明显，由于立方体弹体的特殊性，其角隅处存在应力集中，能够加剧对涂层的破坏作用，表现为低速下侵彻区沿对角线撕裂，以及高速下侵彻区向扰动区的撕裂趋势。

相比迎弹面涂层，背弹面涂层的受力形式较为简单，主要为拉伸作用，弹体贯穿钢板后与塞块一同运动，塞块对涂层进行直接加载，经过降速与头部钝化后的弹体塞块形成共同体，对涂层的横向作用更为匀称。聚脲涂层与钢板底材之间的黏结失效不明显，层间黏结作用是背弹面涂层形成横向拉伸的关键因素。此外，对于不同弹体速度或涂层位置，涂层上形成的穿孔都要小于钢板穿孔，使得涂层对弹体减速降能的同时，对弹体和钢板破碎而产生的碎渣，能够起到一定的阻滞作用。

与弹体速度相关联的，除满足转变效应条件之外，涂层宏观失效随速度的增加也越发显著，主要表现为迎弹面涂层的玻璃化转变效应与横向扩散效应。在达到聚脲由橡胶态向玻璃态转变所需的加载应变率的基础上，判断涂层是否产生该玻璃化转变的方法之一是观察弹体贯穿涂层后，涂层的失效区域是否与弹体头部形状相近，即破坏局限于侵彻区内。显然，不论是低速弹体，还是高速弹体，其压剪共同作用对迎弹面涂层形成的穿孔破坏都局限于方形侵彻区内，符合玻璃化转变效应特征，结合涂层极限比吸收能情况可以看出，其转变过程中伴随有大量的能量吸收。

对于横向扩散效应，低速弹体加载下涂层上并无明显对应现象产生，而高速弹体加载下则对应于涂层上所形成的圆形扰动区，大范围扰动区的形成表明了弹体径向应力的有效扩散，叠加轴向的玻璃化转变效应，提高了聚脲涂层的总体吸能效率，此为迎弹面涂层防护性能优于背弹面涂层的原因所在。

3.4.3 软质涂层的断口微观形貌分析

为深入认识涂层断口差异，选取典型的 6 mm 迎弹面涂层与 3 mm 背弹面涂层，通过 S4800 场发射扫描电镜分别对低速弹体加载下涂层断口的微观形貌进行观察与分析，如图 3.11 所示。

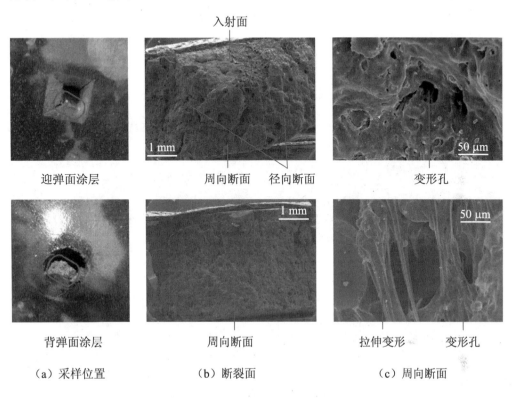

图 3.11　软质聚脲涂层典型断口微观形貌

　　由图 3.11 可以看出，弹体贯穿聚脲涂层钢板后，迎弹面涂层与背弹面涂层形成有多方向的断裂面，其中，迎弹面涂层断口处包括有周向断面和径向断面，除此之外还有入射表面，背弹面涂层断口处仅有周向断面。由低倍到高倍的连续观察中，低倍下观察可以看出，涂层断面均包含大量的微孔洞，且分布无序、大小不一，相比迎弹面涂层，背弹面涂层断面整体更为平整；高倍下观察可以看出，迎弹面涂层与背弹面涂层断口中，周向断面呈现出不同的破坏形貌，具体如下：①迎弹面涂层中，聚脲材料在压剪作用下，周向断面处孔洞呈曲卷形态，表面有明显的残渣碎粒；②背弹面涂层中，聚脲材料在拉伸作用下，轴向断面处孔洞呈轴向拉伸形态，表面同样散布有少量微小颗粒。

3.5　弹体侵彻下硬质涂层防护机制

　　硬质聚脲涂层的失效模式为脆性断裂，断裂方式为沿裂纹扩展路径成块脱落，裂纹取向以撞击点处为中心的径向和周向为主，脱落范围为一定直径的圆形区域或者呈现类似成形趋势，硬质聚脲涂覆钢板结构的穿孔情况如图 3.12 所示。

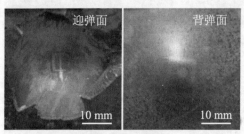

$v_i = 443.66$ m/s

（a）聚脲/钢板（不完全侵彻）

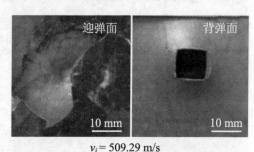

$v_i = 509.29$ m/s

（b）聚脲/钢板（完全侵彻）

$v_i = 364.97$ m/s

（c）钢板/聚脲（不完全侵彻）

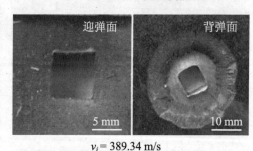

$v_i = 389.34$ m/s

（d）钢板/聚脲（完全侵彻）

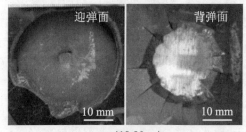

$v_i = 418.80$ m/s

（e）聚脲/钢板/聚脲（不完全侵彻）

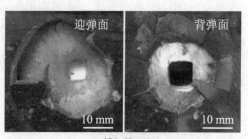

$v_i = 481.60$ m/s

（f）聚脲/钢板/聚脲（完全侵彻）

图 3.12　硬质聚脲涂覆钢板结构的典型失效情况

值得注意的是，涂层的裂纹特征、断口形貌与涂层位置、涂层厚度具有一定的关联性，对此可概括为以下三点：

（1）涂层破坏范围大于钢板，且迎弹面涂层断裂程度大于背弹面涂层，背弹面涂层破坏先于钢板层。

（2）迎弹面涂层断裂始于径向裂纹，且多止于周向裂纹，而背弹面涂层径向裂纹贯穿周向裂纹后继续外延。

（3）迎弹面涂层中，3 mm 厚涂层周向断裂处边缘齐整，而 6 mm 厚涂层对应边缘除外侧部分齐整外，内侧会有坡度延伸面。

基于以上三点内容，分别从宏观与微观两种角度分析聚脲涂层的失效特性。

3.5.1　弹体速度对硬质涂层失效模式的影响

弹体冲击过程中，硬质涂层的断裂程度与弹体撞击速度呈一定规律，且迎弹面涂层与背弹面涂层差异显著，选取效果更为明显的 3 mm 涂层作以下分析，涂层典型破坏情况与断裂示意列于表 3.4 中。

由表 3.4 可以看出，弹体撞击下，迎弹面涂层与背弹面涂层断裂方式均以径向与周向裂纹扩展为主，且随着撞击速度的有限提高，不同涂覆位置涂层的裂纹扩展顺序有所区别。迎弹面涂层作为冲击载荷的首要加载面，其侵彻区域在弹体的压剪作用下形成方形断口，同时在断口的四个直角处伴随有径向裂纹的产生与扩展，且径向裂纹取向基本为对角线方向。随着侵彻过程的延续，涂层侵彻处及其附近区域形成有反向拉伸作用，致使径向裂纹进一步扩展的同时产生周向裂纹，且周向裂纹以径向裂纹尾端为起始点，沿撞击点为中心的圆形弧线方向扩展。周向裂纹与径向裂纹间交汇贯通后，其涵盖范围内的涂层断裂脱落，当周向裂纹内涂层完全脱落后形成有圆形断口区域，至此弹体对迎弹面涂层的侵彻与扰动过程基本结束。

上述迎弹面涂层断裂过程是建立在弹体冲击作用的基础上，不同撞击速度下该厚度涂层对应于断裂过程中的某一阶段，当撞击速度大于涂层完全脱落所需速度上限时，最终均能够形成圆形断口区域。总体来说，迎弹面涂层断裂过程主要分为三个阶段：方形断口与径向裂纹萌生扩展，径向裂纹扩展与周向裂纹萌生扩展，裂纹贯通形成断口，其产生顺序对应于表3.4中所示涂层断裂顺序。

表3.4　3 mm硬质涂层破坏与断裂规律

涂层位置	对比项	弹体撞击速度			断裂示意图
		v_i=252.90 m/s	v_i=349.78 m/s	v_i=442.74 m/s	
迎弹面涂层	典型破坏形貌	10 mm	10 mm	10 mm	
	径向裂纹数量	4	4	—	断裂顺序 ①→②→③
	断裂直径 d/mm	42	47	50	
背弹面涂层	典型破坏形貌	10 mm	10 mm	10 mm	
	径向裂纹数量	10	11	13	断裂顺序 ①→②
	断裂直径 d/mm	16	24	30	

相比迎弹面涂层，背弹面涂层虽不位于弹体冲击侧，但由于高硬度聚脲具有较低伸长率等力学特性，在冲击所产生应力波的作用下涂层破坏仍会先于钢板层。背弹面涂层断裂过程可分为三个阶段：径向裂纹的萌生与扩展，周向裂纹的萌生与扩展，裂纹贯通形成断口。对比迎弹面涂层断裂过程可以看出，背弹面涂层断裂过程与之相似，其断裂规律的区别在于：一是径向裂纹条数多，且随着撞击速度的提高而有所增加；二是径向裂纹贯穿于周向裂纹，径向裂纹终点所在圆周方向多有萌生裂纹的趋势但脱落很少；三是周向断裂范围小，但随着撞击速度的提高也有所增加。

产生区别的原因为，冲击作用下钢板层、涂层以及层间的应力波作用在经过透射与反射后，原有的应力集中现象消失殆尽，径向作用变得更为分散且均匀，加之应力波能量远小于弹体的冲击动能，使得周向作用显得更为集中。

不论是迎弹面涂层还是背弹面涂层，涂层的断裂程度与范围大小均能够反映其对于冲击能量的吸收情况，而同一质量弹体的撞击速度可直接体现冲击能量的大小，即弹体冲击下涂层的断裂规律具有一定的速度效应。需要说明的是，所述涂层的断裂规律是建立在弹体正着靶的前提之下，虽然存在非理想正着靶下造成的迎弹面涂层裂纹取向偏离等现象，但多数情况仍客观符合这一断裂规律。

3.5.2 涂层厚度对硬质涂层失效模式的影响

弹体冲击作用下，同一厚度涂层表现有明显的速度效应，不同厚度涂层的断裂规律也会因其厚度差异而有所区别，区别之处主要为沿周向裂纹所形成边界的断口形貌，断口形貌示意如图 3.13 所示。

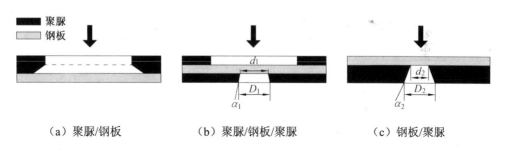

（a）聚脲/钢板　　　　（b）聚脲/钢板/聚脲　　　　（c）钢板/聚脲

图 3.13　硬质涂层断口形貌示意图

由图 3.13 可以看出，对于迎弹面涂层，3 mm 厚涂层中形成的周向断口边缘齐整，且断口角度基本为垂向，而 6 mm 厚涂层中周向断口除外侧部分齐整外，其内侧部分有一定的坡度外延；对于背弹面涂层，涂层中周向断口外扩且呈不同角度倾斜，3 mm 厚涂层中断口倾斜角度 α_1 小，6 mm 厚涂层中断口倾斜角度 α_2 较大。

就涂层断口形成而言，迎弹面涂层作为弹体最先侵彻部分，弹体动能的释放最为明显，其在涂层中的应力波会产生径向延伸与反向拉伸作用，两者共同作用足够大且达到涂层吸能极限时，涂层沿周向边界完全断裂脱离。其中，反向拉伸作用始于涂层与钢板层交界面，而径向延伸作用始于涂层与弹体交界面，分别对应于迎弹面涂层的内外两侧，两者共同作用的结果会因涂层厚薄而产生差异，直接表现为周向断口的形貌特征：3 mm 厚涂层内外两侧作用接近平衡，所形成周向断裂无明显梯度差异，所以断口角度基本沿厚度方向；6 mm 厚涂层中两种作用强弱差异显著，反向拉伸作用由内而外逐步衰减，内侧部分形成以拉伸作用为主的斜面断口，外侧部分则形成与薄涂层相同的垂面断口，两种断口间有明显的界限。

不同于迎弹面涂层，背弹面涂层断裂源于弹体侵彻前置钢板层或涂层时应力波的提前传导，背弹面涂层中同样有径向延伸与反向拉伸作用，拉伸始于涂层与空气交界处，反向作用会沿厚度方向有所衰减与收缩，最终形成小范围截锥形断口。其中，3 mm 厚涂层中拉伸作用衰减幅度小，内外侧直径 d_1 和 D_1 相近且断口倾斜角度 α_1 小；6 mm 厚涂层中拉伸作用衰减幅度大，内外侧直径 d_2 和 D_2 差别大且断口倾斜角度 α_2 大。

从涂层吸能角度来看，迎弹面涂层的受载能量与断裂吸能性均高于背弹面涂层，背弹面涂层对结构而言为消极质量，其涂层的吸能作用远小于对结构整体抗侵性能的抑制作用，因此配置涂层时应设置迎弹面涂层，且尽可能避免或者减少背弹面涂层。

从涂层厚度优化来看，迎弹面涂覆钢板中，6 mm 厚涂层对结构极限比吸收能的增幅为 47.8%；而双面涂层板中，若减去背弹面涂层的消极质量后，3mm 厚迎弹面涂层对结构极限比吸收能的增幅依然达到 39.7%。按照增幅/涂层厚度计算可得，3 mm 和 6 mm 涂层中单位厚度对结构极限比吸收能的增幅分别为 13.2%和 8.0%，说明迎弹面涂层厚度从 3 mm 增至 6 mm，结构整体的抗侵性能虽仍在提高，但单位厚度涂层的吸能增幅却有所降低，即涂层的吸能效率降低。结合迎弹面涂层因厚度而产生的断口差异可以判断，该弹体冲击条件下，3 mm 厚涂层已达完全吸能状态，6 mm 厚涂层外侧的垂面断口部分与薄涂层相同，也为高吸能状态，而内侧的斜面断口部分则为低吸能状态。因此，如若将迎弹面涂层吸能效率发挥至最大，其涂层厚度应在 3～6 mm 之间。

3.5.3　硬质涂层的断口微观形貌分析

为深入认识涂层断口差异，选取典型的 6 mm 迎弹面涂层与 3 mm 背弹面涂层，通过 S4800 场发射扫描电镜分别对弹体冲击下涂层断口的微观形貌进行观察与分析。其中，6 mm 迎弹面涂层试样为撞击处涂层断裂脱落且整块回收所得，包含方形断口、径向断口和周向断口三种类型断口；3 mm 背弹面涂层试样为撞击处采集所得，外侧断口为采样所致，弹体冲击产生的断口仅包含径向断口和周向断口两种类型，两种涂层的断口示意及典型微观形貌分别如图 3.14 和图 3.15 所示。

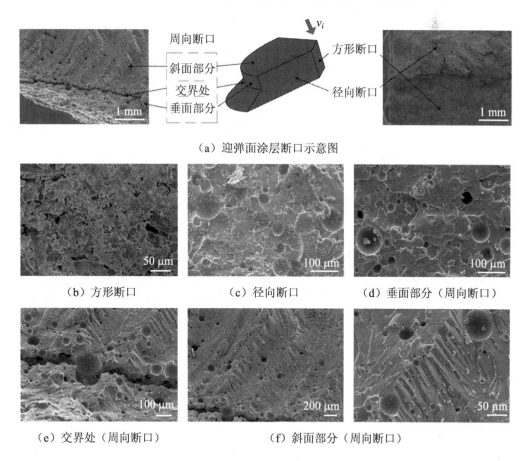

（a）迎弹面涂层断口示意图

（b）方形断口　　　　　（c）径向断口　　　　　（d）垂面部分（周向断口）

（e）交界处（周向断口）　　　　　（f）斜面部分（周向断口）

图 3.14　迎弹面涂层断口示意及典型微观形貌

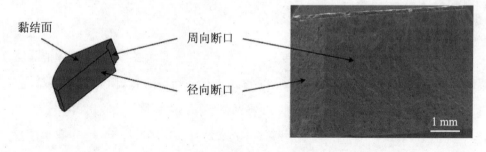

（a）背弹面涂层断口示意图

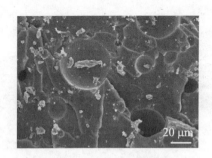 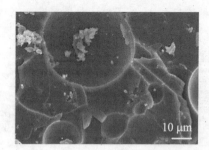

（b）周向断口

（c）径向断口

图 3.15　背弹面涂层断口示意及典型微观形貌

　　由图 3.14（a）可以看出，6 mm 迎弹面涂层中方形断口与径向断口的交界及靠近交界处受压剪作用明显。低倍观察下表面产生有局部撕裂。高倍观察下方形断口表面破碎严重，大量碎渣附着于表层；而径向断口表面纹路清晰，除多处孔洞外还分布有片层状结构。方形断口和径向断口微观形貌分别如图 3.14（b）和图 3.14（c）

所示。6 mm 迎弹面涂层周向断口包含有斜面部分、垂面部分及两者交界处。低倍观察下三部分表面均有大小各异的球形孔洞，交界处已成"沟壑"，处于初始断裂状态，斜面部分表面多条"山脊"并行排列且径向延伸。高倍观察下垂面部分表面形貌与径向断口相同，交界处断裂产生有孔洞分割与山脊分离，斜面部分山脊一侧呈台阶状沿峰分布。垂面部分、交界处和斜面部分的微观形貌分别如图 3.14（d）、图 3.14（e）和图 3.14（f）所示。

由图 3.15（a）可以看出，3 mm 背弹面涂层中周向断口表面轻度倾斜，而径向断口表面相对平整。低倍观察下周向断口与径向断口表面布满球形孔洞，孔洞排列无序，大小与深浅不一。高倍观察下两种断口形貌无明显差异，表面均散布有少量材料碎渣，部分孔洞形成串通，局部呈片层状起伏。周向断口与径向断口微观形貌分别如图 3.15（b）和图 3.15（c）所示。

总体而言，涂层断口微观形貌的主要区别在于，涂层直接受载与间接受载而产生断口的破碎程度有别。直接受载区域为弹体侵彻区，主要形成迎弹面方形断口，断口边界撕裂显著，断口表面破碎严重，原有形貌难以辨识。间接受载区域为迎弹面弹体扰动区与背弹面提前破坏区，主要形成径向断口与周向断口，断口表面形貌清晰，球形孔洞无序分布且无拉伸，表面散布少量碎渣。除迎弹面周向斜面部分呈山脊与台阶结构外，其余部分表面相对平整，且有片层及孔洞串通现象。微观的断口表面破碎程度能够反映涂层的吸能情况，结合涂层结构抗侵性能可以看出，表面破碎最为严重的方形断口所对应的侵彻区涂层吸能性最好。

3.6　聚脲涂覆结构抗弹体侵彻数值仿真

以软质聚脲涂覆钢板结构抗低速弹体侵彻试验为基础，采用 AutoDyn 非线性动力学仿真软件进行聚脲涂覆钢板抗弹体侵彻数值仿真技术研究，建立数值仿真模型并进行仿真计算，通过与试验结果进行对比，验证数值仿真方法的可靠性，同时得到弹体侵彻靶板过程的仿真图像和细节信息，为理论分析提供依据。

3.6.1　数值仿真模型

选用"cm-μs-g-Mbar"单位制，采用 Lagrange 求解法分别建立弹体与靶板模型，靶板模型包括钢板底材与聚脲涂层两部分。弹体模型尺寸为 0.75 cm×0.75 cm×0.75 cm，网格尺寸大小为 0.02 cm；靶板模型边界尺寸为 6 cm×6 cm，厚度依工况而定，网格尺寸大小为 0.1 cm，并对靶板中心破坏区域进行加密处理，靶板边界施加固定约束条件，如图 3.16 所示。

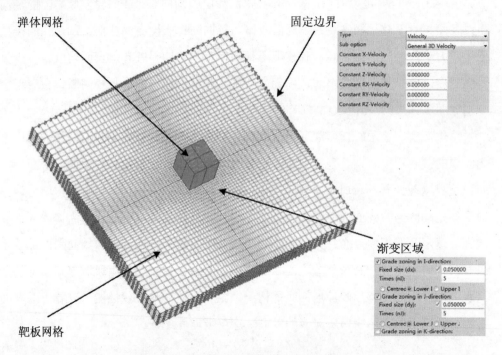

图 3.16　弹体侵彻靶板模型网格与边界设置

弹体侵彻靶板模型中包含有弹体钢、靶板钢与聚脲三种材料，材料的状态方程、强度模型、失效模型以及侵蚀模型列于表 3.5 中。聚脲的材料模型参照文献[8,15] 从软件材料库中进行选取，其中 Hyperelastic 强度模型中包含 Neo-Hookean、Mooney-Rivlin、Polynomial、Ogden 等多种类型，适用应变范围列于表 3.6 中。根据软质聚脲材料的力学特性与施加的强动载荷条件确定使用 Mooney-Rivlin 强度模型。

表 3.5　弹体与靶板材料模型设置

材料	状态方程	强度模型	失效模型	侵蚀模型
弹体钢	Linear	Johnson Cook	Plastic Strain	Failure
靶板钢	Shock	Von Mises	Plastic Strain	Failure
聚脲	Hyperelastic	Hyperelastic (Mooney-Rivlin)	Principal Stress	Failure

表 3.6　Hyperelastic 强度模型常用类型与适用范围

模型	应变率适用范围
Neo-Hookean	30%
Mooney-Rivlin	30%～200%
Polynomial	—
Ogden	～700%

Mooney-Rivlin 超弹性体材料模型中, 材料的应变能函数可以扩展为一个关于第一偏主不变量和第二偏主不变量的无穷级数, 主要分为 2-Parameter、3-Parameter、5-Parameter 与 9-Parameter 的四种, 本节的数值仿真采用 2-Parameter 的 Mooney-Rivlin 模型, 其应变能函数为

$$\psi = C_{10}(T_1 - 3) + C_{01}(T_2 - 3) + \frac{1}{d}(J-1)^2 \qquad (3.9)$$

其中, T_1、T_2 分别为第一偏主不变量与第二偏主不变量; J 为弹性变形梯度的雅克比行列式; C_{10}、C_{01} 为 Rivlin 系数, 均为正定常数; d 为材料的不可压缩参数。

根据以上材料相关参数, 其初始的剪切模量 μ 与体积模量 K 分别为

$$\mu = 2(C_{10} + C_{01}) \qquad (3.10)$$

$$K = \frac{2}{d}$$

聚脲材料基于上述强度模型的关键参数设置为 $C_{10} = 10$ MPa，$C_{01} = 1$ MPa，$d = 0.022$ MPa。

3.6.2 数值仿真结果

根据 3.3.1 节中低速弹体侵彻软质聚脲涂覆钢板试验配置，建立弹体侵彻不同类型靶板的数值仿真模型，靶板分别对应于表 3.3 中工况 1#～4#的无涂层钢板、迎弹面涂覆钢板、背弹面涂覆钢板与双面涂覆钢板四种类型。通过数值仿真计算得到了以上四种类型靶板在低速弹体加载下的弹道极限 V_{50}，仿真结果与仿真误差列于表 3.7 中。由表 3.7 可以看出，与低速弹体侵彻软质聚脲涂覆钢板试验结果相比，其仿真误差均小于 4%，且不同涂层位置对结构抗弹性能的影响规律基本相同，说明了数值仿真与试验具有较好的一致性。

表 3.7　弹道极限的数值仿真与试验结果对比情况

靶板类型	钢板	聚脲/钢板	钢板/聚脲	聚脲/钢板/聚脲
仿真模型				
靶板配置/mm	3	6+3	3+6	3+3+3
试验结果/（m·s^{-1}）	367.73	449.73	424.93	468.64
仿真结果/（m·s^{-1}）	380.00	449.00	425.00	455.00
仿真误差/%	3.34	0.16	0.02	2.91

数值仿真中得到了典型撞击速度下弹体侵彻靶板过程，如图 3.17 所示，以及不同聚脲涂覆结构下对应的弹体速度-时间历程曲线，如图 3.18 所示。

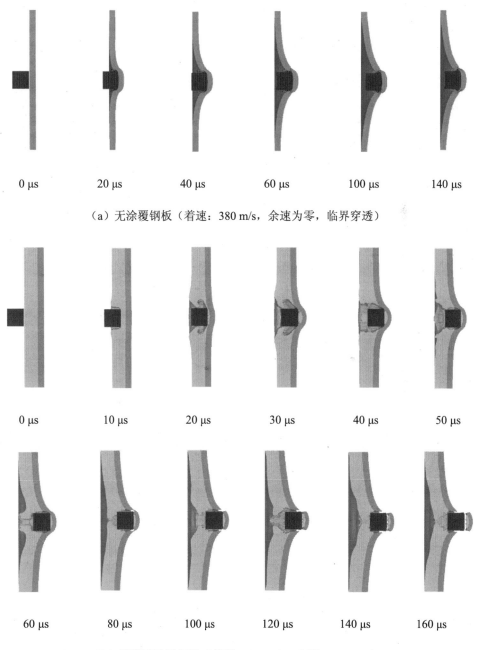

0 μs　　20 μs　　40 μs　　60 μs　　100 μs　　140 μs

（a）无涂覆钢板（着速：380 m/s，余速为零，临界穿透）

0 μs　　10 μs　　20 μs　　30 μs　　40 μs　　50 μs

60 μs　　80 μs　　100 μs　　120 μs　　140 μs　　160 μs

（b）迎弹面涂覆钢板（着速：450 m/s，余速：36.5 m/s）

图 3.17　弹体侵彻靶板过程与典型失效情况

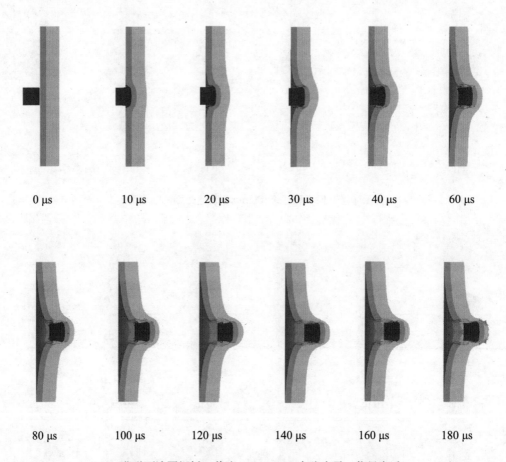

0 μs   10 μs   20 μs   30 μs   40 μs   60 μs

80 μs   100 μs   120 μs   140 μs   160 μs   180 μs

（c）背弹面涂覆钢板（着速：425 m/s，余速为零，临界穿透）

续图 3.17

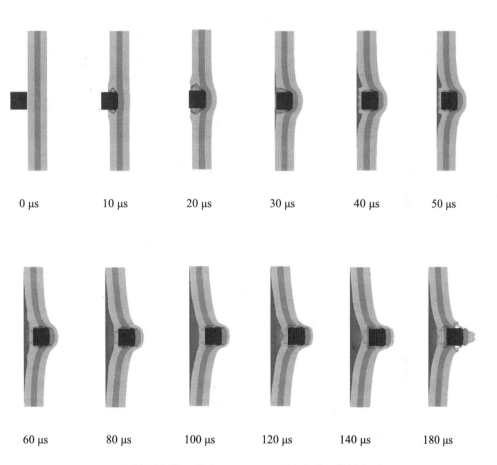

（d）双面涂覆钢板（着速：455 m/s，余速为零，临界穿透）

续图 3.17

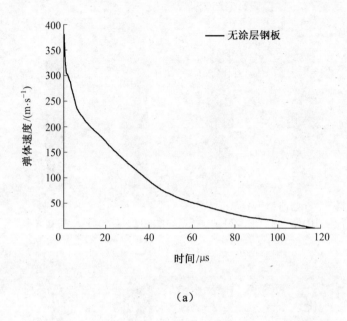

（a）

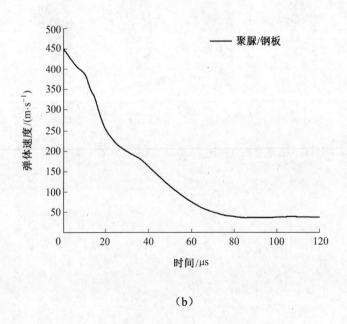

（b）

图 3.18　不同聚脲涂覆结构下弹体速度-时间历程曲线

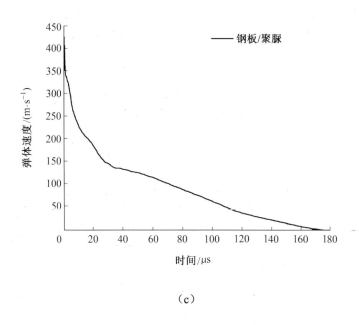

（c）

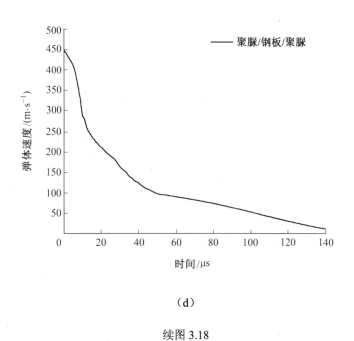

（d）

续图 3.18

由图 3.17（a）可以看出，钢板的失效模式为侵彻区形成剪切冲塞，扰动区形成局部塑性变形；由图 3.17（b）～（d）可以看出，涂层的存在并未改变钢板失效模式，迎弹面与背弹面涂层分别以压缩和拉伸受力形式为主，迎弹面涂层产生有明显的横向扩散扰动，并且在弹体穿透涂层后又产生明显的收缩现象；弹体、钢板与涂层的最终失效情况如图 3.19 所示，由图 3.19（a）～（c）可以看出，弹体贯彻靶板后，钢板与涂层形成的穿孔特征均与试验结果相符。

（a）弹体失效情况对比（左：仿真结果，右：试验结果）

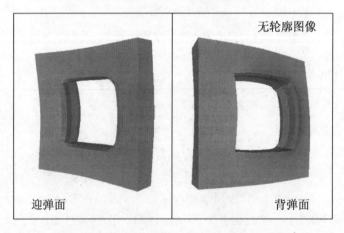

（b）钢板穿孔情况（左：入口侧，右：出口侧）

图 3.19 弹体、钢板与涂层失效情况

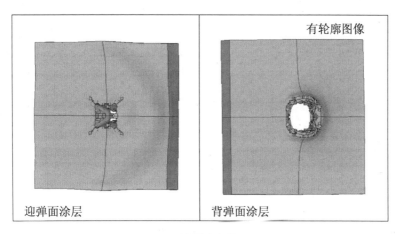

（c）涂层穿孔情况

续图 3.19

3.6.3 涂层与钢板厚度对抗弹性能影响规律

在软质聚脲涂覆钢板结构抗弹数值仿真结果与试验结果一致性较好的基础上，采用上述数值仿真的材料状态、本构、失效和侵蚀模型以及相应参数，进行较大适用范围的弹体侵彻聚脲涂覆钢板结构的数值仿真研究，获得钢板厚度与涂层厚度分别对复合结构抗弹性能的影响规律。

仅针对迎弹面涂覆钢板与背弹面涂覆钢板两种复合结构，在表 3.7 中靶板配置的基础上进行数值仿真建模，得到不同结构的弹道极限 V_{50} 情况，其中钢板厚度变化范围为 3～8 mm，涂层厚度变化范围为 3～10 mm，共包括以下四种类型：

（1）3 mm 厚度钢板一定时，不同厚度迎弹面涂层对应的复合结构弹道极限 V_{50}。

（2）3 mm 厚度钢板一定时，不同厚度背弹面涂层对应的复合结构弹道极限 V_{50}。

（3）6 mm 厚度迎弹面涂层一定时，不同厚度钢板对应的复合结构弹道极限 V_{50}。

（4）6 mm 厚度背弹面涂层一定时，不同厚度钢板对应的复合结构弹道极限 V_{50}。

图 3.20 所示为钢板厚度不变时，聚脲涂覆钢板结构弹道极限 V_{50} 分别随迎弹面涂层与背弹面涂层厚度变化的对比情况。从拟合趋势线可以看出，随着涂层厚度的增大，迎弹面涂层钢板与背弹面涂层钢板结构的弹道极限均随之增大，但增长幅度

却随之放缓，背弹面涂层钢板结构中尤为明显，其背弹面涂层厚度在 8~10 mm 时结构弹道极限的增长接近平缓。对比迎弹面涂覆钢板与背弹面涂覆钢板的弹道极限，可以看出，涂层厚度越大，两者差值越大，说明了迎弹面涂层抗弹防护增强的有效性越为突出。

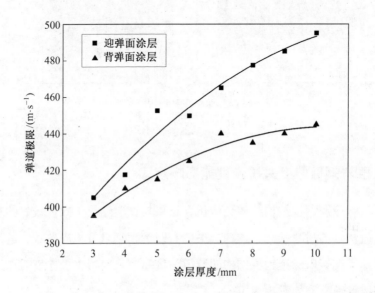

图 3.20　不同涂层位置时涂层厚度对聚脲涂覆钢板弹道极限 V_{50} 的影响

图 3.21 所示为涂层厚度不变时，迎弹面涂覆钢板与背弹面涂覆钢板弹道极限 V_{50} 分别随钢板厚度变化的对比情况。同样从拟合趋势线可以看出，随着钢板厚度的增大，迎弹面涂覆钢板与背弹面涂覆钢板的弹道极限也均随之提高，但与图 3.20 曲线相比，不同的是增长幅度略有所提高，并且迎弹面涂覆钢板与背弹面涂覆钢板的弹道极限差值，随钢板厚度的变化并不明显。此外，钢板作为聚脲涂覆钢板结构中的主要防护单元，相同厚度条件下，钢板对结构弹道极限的提高量远高于涂层对结构弹道极限的提高量。

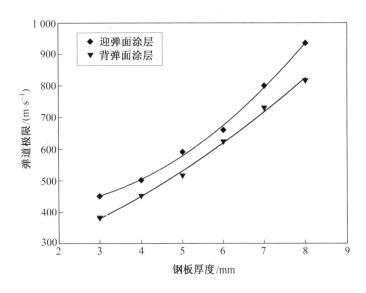

图 3.21　不同涂层位置时钢板厚度对聚脲涂覆钢板弹道极限 V_{50} 的影响

　　结合图 3.20 和图 3.21 中涂层厚度与钢板厚度对聚脲涂层钢板结构弹道极限 V_{50} 的影响规律，可以看出，对于迎弹面涂覆钢板结构，因迎弹面涂层厚度增加而产生的弹道极限增量有限，即对迎弹面涂层的加载应变率相对稳定，意味着涂层的速度效应表现甚微，而转变效应相对固定，在此条件下迎弹面涂层能量吸收的转化效率随厚度增加而逐渐递减，具体表现为图 3.20 中的曲线规律，即虽然迎弹面涂覆钢板弹道极限随涂层厚度增大而增大，但其增长幅度却在降低，这一规律与 3.4.1 节中由转变效应所得 3 mm 厚度迎弹面涂层能量吸收转化效率高于 6 mm 迎弹面涂层的结论相符。与之形成显著对比的，迎弹面涂覆钢板因钢板厚度增加而产生的弹道极限增量较大，涂层的速度效应与转变效应更为突出，使得迎弹面涂层能量吸收的转化效率随之逐渐增加，具体表现为图 3.21 中的曲线规律。

　　对于背弹面涂覆钢板，无论是涂层厚度增加，还是钢板厚度增加，所导致的聚脲涂覆钢板结构弹道极限的提高，对背弹面涂层的抗弹性能影响均较小。其原因为：钢板作为最先受载且主要吸能面层，在弹道极限条件下，弹体贯穿钢板层后动能已消耗殆尽，难以有效提高背弹面涂层的加载应变率。因此，即使弹体加载速度提高，对背弹面涂层的实质性影响却很小，使得背弹面涂覆钢板弹道极限随钢板厚度的增长趋势接近于直线，对应于图 3.21 中的曲线规律；加之背弹面涂层本身吸能效率就远低于迎弹面涂层，使得背弹面涂覆钢板弹道极限增加量与提高幅度都低于迎弹面涂覆钢板，对应于图 3.20 中的曲线规律。

3.7　本章小结

本章开展了聚脲涂覆钢板结构抗弹测试与性能评估试验研究，研究了不同加载速度与涂覆类型下的结构抗弹性能与防护机制，通过数值仿真方法验证了软质聚脲涂覆钢板结构抗低速弹体侵彻的试验结果，主要结论如下：

（1）试验结果表明：相等面密度下，软质涂层能够提高涂覆结构抗高速弹体侵彻性能，且迎弹面涂层优于背弹面涂层，双面涂层时效果最佳；相等厚度底材下，软质涂层能够提高涂覆结构的抗低速弹体侵彻性能，涂层对其弹道极限的影响规律与高速弹体侵彻试验一致；相等厚度底材下，硬质涂层同样能够提高涂覆结构的弹道极限，且迎弹面涂层效果最优，双面涂层次之，背弹面涂层提升幅度最小。

（2）从极限比吸收能情况来看，当涂层位于迎弹面时，硬质涂层对涂覆结构抗弹性能的提升幅度高于软质涂层；而涂层位于背弹面时所得结果与之相反，并且硬质涂层对抗弹性能有明显抑制作用；当涂层位于双面时，软质涂层对涂覆结构抗弹性能的提升幅度略高于硬质涂层。

（3）立方体弹体以正侵彻靶板为稳定状态，钢板失效模式以剪切冲塞为主，低速加载下形成方形穿孔，高速加载下形成圆形扩孔，聚脲涂层不会改变钢板底材原有失效模式，软质聚脲对钢板穿孔影响较小，硬质聚脲提高钢板穿孔尺寸明显，有利于钢板底材的失效吸能。

（4）软质聚脲为迎弹面涂层时，加载环境满足聚脲玻璃化转变条件，涂层侵彻区形成明显的压剪破坏，同时伴随有大量的能量吸收，高速弹体加载下涂层玻璃化转变效应显著，并产生有明显的横向扩散扰动，能够有效提高涂层抗弹吸能；软质聚脲为背弹面涂层时，弹体侵彻下仅表现为橡胶态的拉伸失效，吸能效果有限。

（5）硬质聚脲失效模式为玻璃态的脆性破碎，涂层形成规律性的径向与周向断裂，迎弹面涂层破碎范围大于背弹面涂层；背弹面涂层的提前失效不利于抗弹性能提升，迎弹面涂层对涂覆结构抗弹性能的提升效果远高于背弹面涂层；不同厚度涂层断口形态反映涂层吸能差异，迎弹面涂层存在一最佳厚度使其抗弹吸能效率最高。

第4章 聚脲涂覆结构抗爆防护性能与机制研究

4.1 引言

聚脲涂覆结构的抗爆性能关系到涂覆结构在不同环境下工程应用的可行性。基于聚脲涂覆结构抗弹抗爆性能测试与评估方法，即多种载荷类型条件下多种类型聚脲涂层的双重防护性能测试与评估方法，本章针对聚脲涂覆结构的抗爆性能，对防护结构分别在空爆载荷和内爆载荷作用下的防护性能与机制进行研究分析。采用钢板结构与箱体结构分别进行空爆载荷作用试验与内爆载荷作用试验，研究涂层材料与涂层位置等对涂覆结构抗爆性能的影响规律，并对比软质与硬质涂层的抗爆性能提升效果。

4.2 空爆载荷试验

4.2.1 空爆试验设置

靶板固定装置由压板、支承板、底板和连接件组成，其中各板尺寸规格均为 400 mm×400 mm×10 mm。压板与支承板结构相同，构成一对回字形法兰结构，用于夹持靶板，法兰结构中部方形缺口尺寸规格为 250 mm×250 mm，即靶板的实际受载区域。底板为整块钢板，用于增加结构整体重量、提高稳定性。连接件包括 ϕ16 mm 配套规格的螺栓、螺母及丝杠，主要用于支承结构与靶板之间的固定。

靶板固定后，将柱形炸药置于板面中心上方一定高度位置处，柱形炸药的轴心与板面垂直，底面与板面间的高度定为炸高。可由不同高度的纸质简易底座进行调节，底座仅用于放置炸药且其强度极低，对爆炸过程与载荷大小的影响可不予考虑。柱形 TNT 炸药采用压装工艺成型，对于相同质量要求时，柱形炸药的密度与尺寸保持一致。炸药由雷管进行引爆，雷管底部起爆面位于炸药顶面中心处，起爆方式为单点起爆，试验炸高统一设定为 50 mm，试验装置与靶板结构如图 4.1 所示。

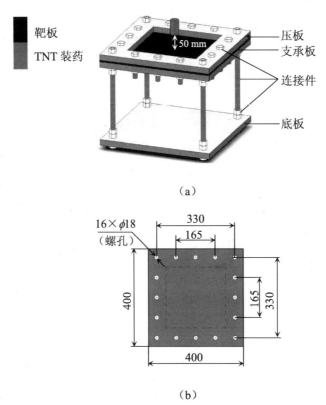

（a）

（b）

图 4.1　试验装置与靶板结构示意图（单位：mm）

4.2.2　涂覆结构设计

根据是否含聚脲涂层，靶板分为无涂层钢板与含涂层钢板两类。含涂层钢板中，根据爆炸加载位置的不同，可将涂层分为迎爆面涂层与背爆面涂层两种，根据聚脲种类的不同，可进一步将涂层分为硬质迎爆面涂层、硬质背爆面涂层、软质迎爆面涂层和软质背爆面涂层四种类型。

钢板底材包括 1.2 mm、1.5 mm 与 2 mm 三种厚度，选取的薄钢板在相对较小药量的爆炸加载下，能够产生明显的变形与破坏，既满足试验要求又具有一定经济性；同时在较厚压板和支承板的水平夹持下，板间足够的摩擦力保证了加载区域的有效性，降低了加载过程中板面变形收缩导致的受载差异性，避免因固定通孔的过度拉伸造成装卸困难的问题。

聚脲涂层包括 4 mm 与 6 mm 两种厚度，分别配置于 1.5 mm 与 1.2 mm 厚钢板，两种组合方式下靶板的面密度分别对应于 15.84 g/cm^2 与 15.53 g/cm^2，2 mm 厚钢板的面密度为 15.68 g/cm^2，三者之间的最大偏差小于 2%，达到了设计所需的相等面密度原则。除相等面密度原则之外，相等厚度底材原则也为试验设计方法之一，即在相同爆炸加载条件下，分别对两种涂层钢板结构中对应厚度底材的无涂层钢板进行对比试验。

4.2.3 空爆试验结果及分析

1. 软质聚脲涂覆结构受载变形试验结果

在聚脲涂覆钢板结构抗弹防护评估所得结论基础上，首先对相等面密度条件下的迎爆面涂覆钢板进行爆炸冲击波加载，对应于表 4.1 中工况 1$^\#$～3$^\#$。该组工况中，抗爆考核以靶板的抗变形能力为主，分别测定背部中心挠度与背板面平面度进行性能对比。中心挠度借助坐标纸等进行单点测量，如图 4.2 所示；平面度采用三坐标测量机进行多点测量，如图 4.3 所示。此外，无论是采用常见的中心挠度，还是借鉴机械形状误差中的平面度进行表征，靶板的抗变形能力与表征量均成反比例关系。由表 4.1 中工况 1$^\#$～3$^\#$ 的试验结果可以看出，相等面密度条件下，无涂覆钢板的中心挠度与平面度值均低于含迎爆面涂层钢板，表明迎爆面聚脲涂层不能提高涂覆结构的抗爆性能，并且涂层越厚，抗变形能力越差。

表 4.1　聚脲涂覆钢板结构抗爆防护性能试验结果

编号	TNT 质量/g	聚脲类型	涂层位置	钢板厚度/mm	涂层厚度/mm	中心挠度/mm	平面度/mm
1	40	无	N/A*	2.0	0	40	55.213 4
2	40		迎爆面	1.5	4.0	43	60.351 1
3	40		迎爆面	1.2	6.0	48	61.241 7
4	60		N/A	1.5	0	N/A	N/A
5	60		N/A	1.5	0	62	65.960 1
6	60	软质聚脲	迎爆面	1.5	4.0	50	50.230 1
7	60		背爆面	1.5	4.0	47	45.321 7
8	60		N/A	1.2	0	N/A	N/A
9	60		迎爆面	1.2	6.0	60	61.071 1
10	60		背爆面	1.2	6.0	43	48.950 6
11	60	硬质聚脲	迎爆面	1.5	4.0	53	44.601 3
12	60		背爆面	1.5	4.0	40	52.611 7

注：*N/A（not applicable）表示不适用，涂层位置中表示靶板结构不含涂层，中心挠度与平
面度中表示靶板结构中因钢板产生大破口而无法进行有效测量。

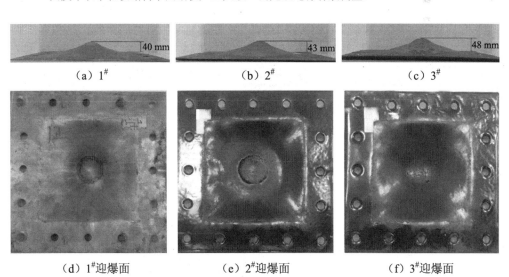

（a）1#　　　　　　　（b）2#　　　　　　　（c）3#

（d）1#迎爆面　　　　（e）2#迎爆面　　　　（f）3#迎爆面

图 4.2　靶板背部的中心挠度测量

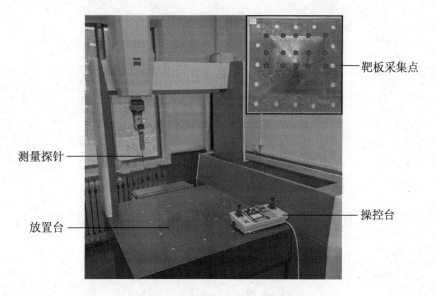

靶板采集点

测量探针

操控台

放置台

图 4.3　靶板背部的平面度测量

2. 软质聚脲涂覆结构受载破坏试验结果

基于上述相等面密度下迎爆面涂层不能改善涂覆结构抗爆性能的结论，对相等厚度底材条件下聚脲涂覆钢板结构，开展多底材厚度多涂层位置的爆炸冲击波加载，抗爆考核以靶板的抗破坏能力为主，对应于表 4.1 中工况 $4^{\#}\sim10^{\#}$。其中，工况 $4^{\#}\sim7^{\#}$ 中靶板的底材厚度为 1.5 mm，通过药量调试获得无涂覆钢板的临近破坏状态，即该种情况的加载强度与钢板的极限强度相同或相近，其最易损位置处于最大塑性变形与破坏初始阶段之间，最终造成钢板的临界破坏与临界未破两种状态，分别对应于工况 $4^{\#}$ 和 $5^{\#}$，如图 4.4（a）、图 4.4（d）所示。

相同药量情况下，对含迎爆面涂层或背爆面涂层的等厚度钢板进行爆炸冲击波加载，分别对应于工况 $6^{\#}$ 和 $7^{\#}$，如图 4.4（b）、图 4.4（c）所示。显然，聚脲涂层的存在，使得原处于临界破坏状态的钢板均未产生破坏，并且在未产生破坏的情况下，大幅降低了钢板的中心挠度，说明额外增设的涂层能够明显提高涂覆结构的抗变形能力。进一步对比迎爆面涂覆钢板与背爆面涂覆钢板的差异，可以看出，背爆面涂层对涂覆结构抗爆性能的提升效果要略高于迎爆面涂层。

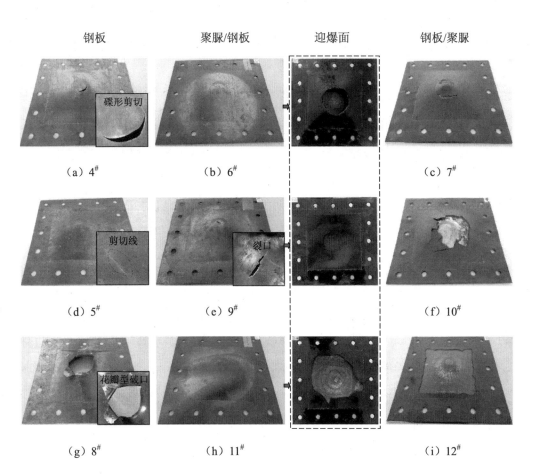

图 4.4　不同聚脲涂层与钢板配置下靶板变形与破坏情况

工况 8#～10#中靶板的底材厚度为 1.2 mm，保持相同药量进行爆炸冲击波加载，意在底材厚度削弱后，进一步增加钢板的破坏程度，无涂层、迎爆面涂覆与背爆面涂覆钢板分别对应于工况 8#～10#，如图 4.4（e）～（g）所示。可以看出，1.2 mm 厚无涂覆钢板的破坏程度远高于 1.5 mm 厚钢板，产生的大破口使其中心挠度与板面平面度无法有效测量，而含涂层钢板结构均保持完整，呈现出了较强的抗破坏能力，迎爆面涂覆钢板仅在顶部产生有局部条形裂口，背爆面涂覆钢板则未产生破口，进一步对比两者中心挠度可得，背爆面涂覆钢板的中心挠度远小于迎爆面涂覆钢板。

综上说明了额外增设的涂层能够明显提高结构的抗爆性能，并且背爆面涂层对涂覆结构抗爆性能的提升效果显著高于迎爆面涂层。显然，两组厚度底材试验所得结论具有一致性。

3. 软质聚脲涂覆结构抗爆防护性能分析

相等面密度条件下迎爆面涂覆钢板，相等厚度底材条件下迎爆面涂覆与背爆面涂覆钢板的抗爆性能根据试验均有所定论，即相等面密度条件下，迎爆面涂层不能提高涂覆结构抗爆性能，而相等厚度底材条件下，迎爆面与背爆面涂层均能提高涂覆结构抗爆性能，但相等面密度条件下背爆面涂覆钢板的抗爆性能尚未明确。为此，可根据已有试验结论，选取中心挠度进行定量推断，表 4.1 中工况 1#~10#对应的试验结果如图 4.5 所示。

图 4.5（a）～（c）为已有试验结果，图 4.5（d）为两组等厚度底材试验中对等面密度工况的整合，无涂层的 2 mm 厚钢板在 60 g 药量加载条件下的中心挠度应在 47～50 mm 之间，可以看出，相等面密度条件下迎爆面涂覆钢板抗爆性能趋势与图 4.5（c）中相同，而所得背爆面涂覆钢板抗爆性能趋势则相反，说明相等面密度条件下，背爆面涂层在有限范围厚度内，能够提高涂覆结构抗爆性能。

4. 硬质聚脲涂覆结构受载破坏试验结果

在相等厚度底材条件下软质聚脲涂层能够有效提高涂覆结构抗爆性能的试验结论基础上，选择 1.5 mm 厚度钢板底材与 4 mm 厚度涂层的工况配置，进行硬质与软质聚脲涂层的抗爆效果对比，迎爆面硬质涂层与背爆面硬质涂层钢板分别对应于表 4.1 中工况#11～12#，如图 4.4（h）（i）所示。

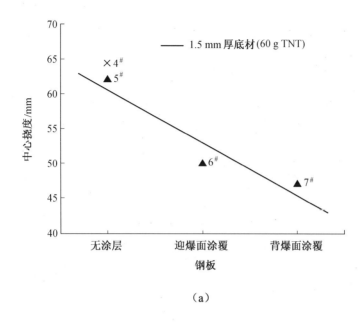

（a）

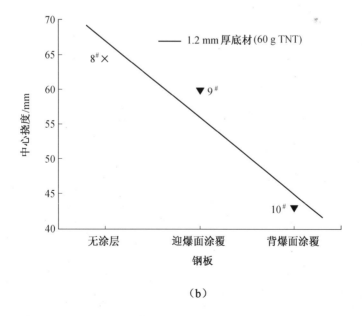

（b）

图 4.5　不同工况下软质聚脲涂覆钢板结构的变形情况

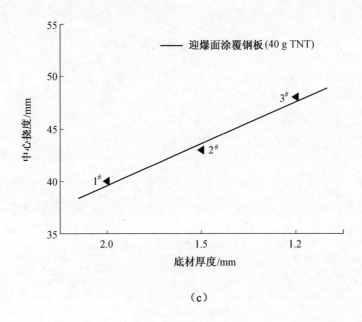

（c）

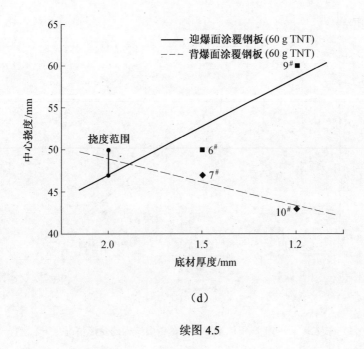

（d）

续图 4.5

结合表 4.1 和图 4.4 可以看出，相同爆炸加载条件下，硬质聚脲涂覆钢板结构中钢板底材均未产生破口，说明硬质聚脲涂层同样能够有效提高涂覆结构的抗爆性能。测量靶板背部中心挠度可以看出，与软质聚脲涂层相比，相同的是，涂层位置对抗爆性能的影响规律一致，即背爆面涂层对涂覆结构的抗爆性能提升程度要高于迎爆面涂层；不同的是，相同涂层位置下涂层材料对抗爆性能的影响有所差异，具体表现为，迎爆面涂层时软质聚脲对涂覆结构抗爆性能的提升程度要高于硬质聚脲，而背爆面涂层时硬质聚脲对涂覆结构抗爆性能的提升程度却高于软质聚脲。

结合软质和硬质聚脲涂覆钢板结构受载破坏试验结果，涂层位置与聚脲类型对涂覆结构抗爆性能的影响可分为以下两个方面：

（1）涂层位置一致时。

①迎爆面涂层：软质聚脲优于硬质聚脲。

②背爆面涂层：硬质聚脲优于软质聚脲。

（2）聚脲类型一致时。

①软质聚脲：背爆面涂层优于迎爆面涂层。

②硬质聚脲：背爆面涂层优于迎爆面涂层。

4.3　空爆载荷下聚脲涂覆结构防护机制

4.3.1　钢板底材在空爆载荷下的失效模式分析

聚脲涂覆钢板结构中，钢板底材始终为主要防护层，通过产生变形与断裂消耗爆炸冲击波作用于板面的能量。柱形装药位于钢板中心上方的固定距离处起爆，形成以顶部爆点为中心并以向下扩散为主要传播方向的类球面形冲击波，冲击波对下方钢板进行加载，载荷作用于靶板中心处最大并随着偏移距离增大而逐渐减小，钢板在此作用下下凹变形，形成倒锥形塑性形变。

钢板的板面变形程度由内向外明显降低，其原因除载荷递减之外，还与钢板的边界条件有关：钢板受载区域边界设为固定约束，材料离约束位置越远，其动态响应越剧烈，板面由四边向中心所受约束越来越小，叠加载荷递减因素，使得越靠近中心位置处，钢板的变形越大。值得注意的是，钢板中心位置点虽然为最大变形处，但其周围变形程度差异已明显减小，呈现出一个变形相对平缓的小面积的圆形顶部区域，其原因为作用过程中载荷在中心处有局部汇聚的现象，该圆形区域亦为载荷最为集中的位置。这种转变的过渡区域为钢板最为易损的位置，当载荷强度超过材料强度时，就会形成剪切破坏并产生圆形破口，即碟形剪切破坏，如图 4.4（a）（b）所示，分别为临界破坏与临界未破两个状态。临界破坏中已形成部分碟形破口，但尚未剪切完全；临界未破中虽未形成破口，但已出现明显白色纹路，纹路周向位置与已成剪切破口相近。

冲击波保持足够能量的前提下，钢板的受载区域一旦出现剪切破口，破口处会产生引导式的卸爆作用，加速对钢板的破坏作用，并从剪切边界多点处沿径向进一步断裂，撕裂破坏的同时变形也随之扩大，形成多个向外翻转的塑性卷边，即花瓣形破坏，如图 4.4（g）所示。由此可以看出，钢板的失效过程可分为大变形、碟形剪切破坏、花瓣形撕裂破坏三个阶段。一般而言，相同材质条件下，钢板厚度的微调并不会改变原有的失效模式。

4.3.2　聚脲涂层在空爆载荷下的失效模式分析

聚脲涂覆钢板结构中，聚脲涂层的失效情况需从涂层材料失效、钢板黏结层失效及对钢板失效影响三个方面分析。

（1）聚脲涂层的失效情况：软质聚脲涂层以橡胶态进行动态响应，有明显的拉伸与压缩失效特征；而硬质聚脲涂层以玻璃态进行动态响应，失效模式为大面积的脆性破碎。

（2）涂层与钢板之间的黏结层失效情况：软质聚脲涂层对钢板层的黏附性好，背爆面涂层尤为明显；而硬质聚脲涂层对钢板层的黏附性较差，涂层变形与破坏的同时即脱离板面。

（3）涂层对钢板失效的影响情况：软质和硬质涂层对钢板挠度、平面度等变形情况的影响均较为明显，对钢板破坏的影响主要体现在迎爆面软质涂层对钢板原有破坏模式的改变。

整体来看，聚脲涂覆钢板结构中聚脲涂层的破坏总是先于钢板层，硬质聚脲涂层的破坏程度高于软质聚脲涂层，硬质聚脲背爆面涂层的破坏程度高于迎爆面涂层；而软质聚脲迎爆面与背爆面涂层破坏程度相近，迎爆面涂层破坏形式与无涂层钢板类似，中部均发生碟形剪切失效。

聚脲涂层对涂覆结构抗爆性能的防护提升，可划分为材料因素与结构因素两个方面。

（1）材料因素方面。主要体现在涂层自身的吸能特性，虽然软质聚脲和硬质聚脲的极限强度与黏结强度均相近，但涂层的动态响应过程存在时间与空间的关系：时间上，高伸长率的软质聚脲涂层的响应过程具有持续性，而低伸长率的硬质聚脲涂层的响应过程则表现为瞬时性；空间上，变形程度高的软质聚脲涂层的破坏范围具有局部性，而变形程度低的硬质聚脲涂层的破坏区域表现为全面性。响应的持续性与破坏的全面性均利于涂层吸能，反之则会降低涂层吸能效果。

（2）结构因素方面。聚脲涂层结合钢板底材后，主要体现在涂层位置对涂层吸能效果的影响，迎爆面涂层与背爆面涂层有着直接受载与间接受载的区别，结合聚脲涂层的失效情况，具体如下：

①迎爆面软质聚脲涂层受载形式与钢板层相同，同样能够产生下凹变形与碟形剪切破坏，不同的是涂层随钢板产生最大变形后会出现明显的回弹现象，回弹的同时造成涂层与钢板层之间的黏结失效。当空爆载荷足够大时，冲击波经过入射、反射后对涂层形成明显的压缩到拉伸状态的转换，反向的强拉伸作用使得涂层形成上凸形态，可见迎爆面软质聚脲涂层的吸能方式以变形为主、破坏为辅，虽然涂层响应过程具有持续性，但涂层过早脱离钢板底材会使其吸能相对独立且吸能有限。

②背爆面软质聚脲涂层的响应过程与钢板层具有更高同步性，即结构变形过程中涂层黏附于钢板进行协同响应，并未发生黏结失效，使得涂层对冲击波能量的消耗更加充分，当经过钢板层透射至涂层的能量足以使其产生破坏时，涂层形成与迎

爆面涂层相似形状的破坏区域。不同的是，随着载荷的增大，迎爆面涂层剪切破坏后并未有其他破坏形式出现，而背爆面涂层形成剪切破口后会进一步扩大破坏，包括剪切区域的黏结失效并脱落及形成类似钢板层的撕裂破坏，可对冲击波能量产生更多的消耗。

③迎爆面硬质聚脲涂层对空爆载荷能量的消耗主要是在加载初期完成，硬质聚脲的低伸长率特性限定了涂层的吸能形式以材料破坏为主，呈现出大面积的脆性失效的特征，受载区域内涂层破坏形成近圆形破口，未破碎涂层已与钢板层脱离，涂层与钢板层间的黏结效果在加载过程中表现不为显著。不同于玻璃等传统脆性材料失效特征，硬质聚脲的脆性破坏过程伴随有显著的能量吸收效果，与迎爆面软质聚脲涂层的整块剪切破坏相比，硬质聚脲的破坏范围更大，材料的破碎程度更高，使得对冲击波能量的消耗更为充分。

④背爆面硬质聚脲涂层的吸能形式同样以大面积的脆性破坏为主，但涂层的受载方式为间接受载，即空爆载荷需首先作用于钢板层后再对涂层进行加载，一为能量以冲击波的形式传递至背爆面涂层，二为通过钢板层产生变形对涂层形成拉压作用，通常情况下前者的加载速度要远大于后者，其造成的涂层破坏往往先于钢板层。与迎爆面硬质聚脲涂层相比，背爆面硬质聚脲涂层的破坏范围有所增大，破坏区域与受载区域形状的相近说明了初始冲击波经钢板层过渡后对涂层的作用范围与程度增大，增大涂层破坏的同时促进了对冲击波能量的消耗。

聚脲涂覆钢板结构因素中，除聚脲涂层位置引起的涂层吸能差异之外，涂层对钢板层吸能的影响作用同样值得关注，主要有以下两种形式：在相等载荷作用前提下，形式一为涂层通过自身吸收部分能量，降低了钢板层的吸能量，从而延缓了钢板层原有的变形与破坏进程；形式二为涂层因自身的性能特征，使得钢板层的变形与破坏进程改变，背爆面涂层的背部支承能够阻碍钢板层的变形，软质聚脲为柔性支承，其支承时间久但力度有限，而硬质聚脲为刚性支承，其支承力度强但时间短暂，支承与延缓作用有叠加效果，但总体支承效果均不显著。迎爆面涂层的载荷过渡能够影响原有加载形式，软质聚脲降低载荷强度的同时使其更为集中，由此钢板层的碟形剪切破坏转变为顶部撕裂破坏，破坏模式的转变利于钢板层的防护吸能。

4.3.3　不同聚脲涂覆结构中的波阻抗失配分析

外载荷在表面上所引起的扰动在介质中逐渐由近及远传播出去形成应力波，其传播速度称为波速 c，波速与材料密度的乘积 $\rho_0 c$ 称为介质的波阻抗或声阻抗、机械阻抗。波速的物理意义是扰动在可变形固体中的传播速度，而波阻抗的物理意义是代表了可变形固体对扰动的抵抗程度。当两种介质波阻抗相等时，应力波在通过两种介质的界面时不产生反射，称为波阻抗匹配；当两种介质波阻抗不等时，应力波在两者界面产生反射与透射，称为波阻抗失配。

对于波阻抗失配问题，可简化为一维纵波的传播与相互作用规律进行分析。纵波波速 $c_0 = \sqrt{\dfrac{E}{\rho_0}}$，聚脲涂覆结构中钢板材料、软质与硬质聚脲材料的弹性模量、密度、纵波波速以及波阻抗列于表 4.2 中。显然，无论是软质聚脲，还是硬质聚脲，聚脲涂层与钢板底材组成的涂覆结构中均存在波阻抗失配。

表 4.2　聚脲涂覆结构所用材料波阻抗及其相关量情况

	钢	软质聚脲	硬质聚脲
弹性模量 E/GPa	196	0.2	4
密度 ρ_0/(g·cm^{-3})	7.84	1.02	1.02
波速 c/(m·s^{-1})	5 000	450	2 000
波阻抗 $\rho_0 c$/(N·s/m^3)	3.9×10^7	4.6×10^5	2×10^6

应力波从一种介质 A 传播到另一种波阻抗不同的介质 B，传播方向垂直于界面，即正入射情况。当入射波传播至两种波阻抗不同的介质界面时产生有反射波与透射波，分别对应有入射波扰动 $\Delta\sigma_I$、反射波扰动 $\Delta\sigma_R$ 与透射波扰动 $\Delta\sigma_T$。

由牛顿第三定律和质点运动连续条件可得，应力波经过反射与透射后，其应力值与质点速度都应相等，即

$$\sigma_I + \sigma_R = \sigma_T \qquad (4.1)$$

$$\upsilon_I + \upsilon_R = \upsilon_T \qquad (4.2)$$

质点运动与应力水平之间的关系式为

$$\upsilon_0 = \frac{\sigma}{\sqrt{E\rho_0}} = \frac{c}{E}\sigma = \frac{\sigma}{\rho_0 c} \qquad (4.3)$$

对于入射波、反射波和透射波分别有

$$\upsilon_I = \frac{\sigma_I}{\rho_A c_A}, \quad \upsilon_R = -\frac{\sigma_R}{\rho_A c_A}, \quad \upsilon_T = \frac{\sigma_T}{\rho_B c_B} \qquad (4.4)$$

透射波与反射波的应力幅值分别为

$$\frac{\sigma_T}{\sigma_I} = \frac{2\rho_B c_B}{\rho_B c_B + \rho_A c_A}, \quad \frac{\sigma_R}{\sigma_I} = \frac{\rho_B c_B - \rho_A c_A}{\rho_B c_B + \rho_A c_A} \qquad (4.5)$$

聚脲涂覆结构中，不同位置涂层与钢板形成的波阻抗失配会对应力波反射与透射产生不同影响，进而影响聚脲涂覆结构在冲击波作用下的动态响应。

（1）当聚脲涂层位于迎爆面位置，此时 $\rho_B c_B > \rho_A c_A$，反射应力扰动和入射应力扰动同号，形成反射加载，而透射扰动从应力幅值上来说强于入射扰动。

（2）当聚脲涂层位于背爆面位置，此时 $\rho_B c_B < \rho_A c_A$，反射应力扰动和入射应力扰动异号，形成反射卸载，而透射扰动从应力幅值上来说弱于入射扰动。

关于高压下固体介质中冲击波的相互作用以及反射和透射等问题，其总的处理原则与一维纵波相同。由此可得，聚脲涂覆结构在空爆载荷作用下，聚脲涂层位于迎爆面时，爆炸冲击波从波阻抗较低的涂层传入波阻抗较高的钢板中去时，透射冲击波幅值的提高可能会加剧钢板的破坏；相反地，背爆面涂层能够起到减振缓冲作用。因此，对于同种聚脲材料与相同厚度涂层而言，背爆面涂覆结构的抗爆吸能效果要高于迎爆面涂覆结构。

4.4 内爆载荷试验

4.4.1 内爆试验设置

试验中通过将柱形 TNT 炸药内置引爆以产生内爆载荷，由于内爆载荷过大，难以对箱体结构进行有效固定，为降低因箱体运动带来的不确定性，采取了以下两点措施：①将箱体结构的开口朝侧，在满足内爆加载的前提下，又能达到快速卸爆的效果，同时可通过调整开口侧方向以控制箱体运动方向；②将箱体结构放置于较大的封闭空间中，以限制其在内爆载荷作用下的运动，并且空间四壁设有柔性缓冲材料，可降低箱体碰撞产生二次破坏。

试验装置与流程示意如图 4.6 所示。从图 4.6（a）中可以看出，柱形炸药的放置方式为垂直放置，位于箱体横向与垂向中心且纵向偏内。从图 4.6（b）中可以看出，内爆载荷作用下，箱体会经历起爆、上升、碰撞与着地四个阶段，而内爆载荷的产生及加载往往在起爆后极短的时间内完成，因此箱体的变形与破坏主要发生在起爆后与上升前期阶段。

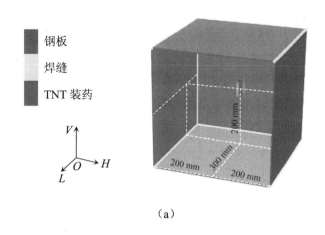

（a）

图 4.6 靶箱结构与试验流程示意图

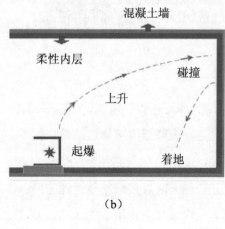

（b）

续图 4.6

4.4.2 涂覆结构设计

试验所用半密闭方形箱体结构由 5 块相同材料与尺寸的钢板组成，钢板尺寸规格均为 400 mm×400 mm×4 mm，相邻钢板间采用统一焊接方式进行边角的拼接。根据是否含聚脲涂层，靶箱分为无涂层箱体与含涂层钢箱体两类，爆炸加载位置对应内爆面涂层与外爆面涂层两种，同样采用硬质聚脲与软质聚脲两种类型，聚脲涂层均为 4 mm。不同于空爆载荷作用试验所用的单板结构，内爆试验所用箱体采用了焊接工艺，使得钢板厚度的选择存在局限性，大厚度钢板会增加试验效果的实现难度，小厚度钢板在焊接过程中易产生变形且板面平整度低，3 mm 厚度的钢板恰能满足试验需求。

空爆载荷试验中靶板的最易损位置为其中心区域，而内爆载荷在箱体结构边角处叠加与汇聚后加载强度会倍增，因此箱体结构的变形和破坏位置会与靶板结构存在差异，考虑到焊接工艺的存在与加载形式的不同，仅对相等厚度底材条件下聚脲涂层对箱体结构抗爆性能的影响进行试验研究。

4.4.3　内爆试验结果及分析

聚脲涂覆箱体结构内爆载荷试验结果列于表 4.3 中，对应的变形与破坏情况如图 4.7 所示。

表 4.3　聚脲涂覆箱体结构抗爆防护性能试验结果

编号	TNT 质量/g	聚脲类型	涂层位置	钢板厚度/mm	涂层厚度/mm	变形情况/cm		破坏状态	
						l_h	h_v	l_c/l_w	
1	85	无	N/A	3.0	0	58.5	40.3	0	0
2	100		N/A	3.0	0	58.3	39.8	0	0
3	120		N/A	3.0	0	61.0	38.9	1/2	0
4	120	软质聚脲	内爆面	3.0	4.0	59.2	37.0	0	1/4
5	120		外爆面	3.0	4.0	64.5	37.7	0	0
6	140	无	N/A	3.0	0	66.8	23.5	1/3	1
7	140	软质聚脲	内爆面	3.0	4.0	63.5	37.4	1	1
8	140		外爆面	3.0	4.0	64.0	35.5	1/2	1/4
9	140	硬质聚脲	内爆面	3.0	4.0	59.8	35.6	1	1
10	140		外爆面	3.0	4.0	66.9	31.4	1	0

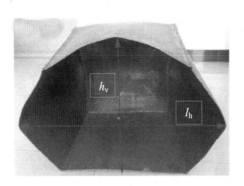 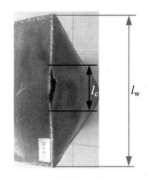

变形　　　　　　　　　　　　　　　破坏

（a）1#（无涂层）

图 4.7　不同工况下聚脲涂覆箱体结构的变形与破坏情况

无失效

（b）2#（无涂层）
　　　　
轻微失效

（c）3#（无涂层）
　　　　
严重失效

（d）6#（无涂层）

轻微失效

（e）4#（内爆面涂覆）
　　　　
严重失效

（f）7#（内爆面涂覆）
　　　　
严重失效

（g）9#（内爆面涂覆）

无失效
　　　　
中等失效
　　　　
中等失效

 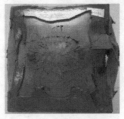 

（h）5#（外爆面涂覆）
　　　　
（i）8#（外爆面涂覆）
　　　　
（j）10#（外爆面涂覆）

续图 4.7

1. 无涂覆钢质箱体的内爆载荷试验结果

无涂覆箱体在内爆载荷作用下变形至破坏过程中的多种状态，如图 4.7（a）～（d）所示，对应于表 4.3 中工况 1#～3#、6#。可以看出，箱体的变形以横向的左右侧壁板为主，且开口侧四边的轮廓大小变化明显，测量开口侧横向最大长度（l_h）和垂向最大高度（h_v），以此对其变形情况进行表征；箱体的破坏位置均发生在垂向的两条焊缝处，且沿焊缝产生的破口长度有别，测量焊缝处破口长度（l_c）与焊缝原有长度（l_w）的比值，以此对其破坏情况进行表征。

结合变形与破坏情况，可将箱体的最终状态分为无失效、轻微失效、中等失效和严重失效四种等级，其中无失效对应无破口状态，后三种则主要以产生 1/2 破坏程度的破口数量为界限进行划分。以无涂层箱体为例，工况 1#、2#中箱体仅产生变形而且整体结构保持较好，对应无失效等级；工况 3#中箱体的变形程度虽不显著，但垂向左侧焊缝处产生有 1/2 破坏程度的破口，对应中等失效等级；工况 6#中箱体产生严重变形，右侧焊缝处全部破坏且左侧也有 1/3 破坏，对应严重失效等级。

2. 软质聚脲涂覆箱体内爆载荷试验结果

对于软质聚脲涂层，当无涂覆箱体产生中等失效时，相同内爆载荷作用下，内爆面涂覆箱体与外爆面涂覆箱体分别对应于表 4.3 中工况 4#、5#，如图 4.7（e）（h）所示。可以看出，内爆面涂层的存在并未对涂覆箱体的变形有明显影响，同样在一侧焊缝处形成有破口，但破口的破坏程度明显低于无涂覆箱体，对应轻微失效等级，说明内爆面涂层对涂覆箱体的抗爆性能有所提高；对于相同厚度的外爆面涂层，箱体的变形程度虽然有所加剧，但焊缝处均未产生破坏，破口的减少使得涂覆箱体的卸爆效果降低，进而增大了开口侧的变形，对应无失效等级，说明了外爆面涂层对涂覆箱体的抗爆性能提高显著，且提升幅度明显高于内爆面涂层。

对于软质聚脲涂层，当无涂覆箱体产生严重失效时，相同内爆载荷作用下，内爆面涂覆箱体与外爆面涂覆箱体对应于表 4.3 中工况 7#、8#，如图 4.7（f）（i）所示。可以看出，虽然内爆面涂覆箱体焊缝处的破坏程度要高于无涂覆箱体，但相比无涂覆箱体的严重变形状态，内爆面涂覆箱体的整体结构保持良好，综合而言，内爆面涂层能够提高涂覆箱体的抗爆性能；对于相同厚度的外爆面涂层，其不仅使涂覆箱体保持了较好的结构性，而且涂覆箱体的破坏程度得到明显降低，对应中等失效等级，进一步验证了涂层能够提高涂覆箱体结构抗爆性能的有效性，且外爆面涂层的提升效果高于内爆面涂层。

3. 硬质聚脲涂覆箱体内爆载荷试验结果

对于硬质聚脲涂层，当无涂覆箱体产生严重失效时，相同内爆载荷作用下，内爆面涂覆箱体与外爆面涂覆箱体对应于表 4.3 中工况 9#、10#，如图 4.7（g）（j）所示。可以看出，内爆面涂覆箱体焊缝处的破坏程度要高于无涂覆箱体，但相比无涂覆箱体的严重变形状态，其整体结构保持较好，整体而言，内爆面涂层对涂覆箱体抗爆性能有所提高；对于外爆面涂层，涂覆箱体的结构性保持虽然次于内爆面涂覆箱体，但仍高于无涂覆箱体，最为明显的是涂覆箱体的破坏程度大幅降低，对应于中等失效等级。

对比软质聚脲涂层与硬质聚脲涂层，两者在相同涂层位置时对涂覆箱体结构抗爆性能的提升效果差异并不如涂覆钢板结构显著。聚脲涂覆箱体结构中，涂层通过增强各壁板的抗变形能力，从而提高涂覆箱体整体的抗爆性能，涂层材料与涂层位置对结构抗爆性能的影响，与聚脲涂覆钢板结构抗变形性能试验中所得结论一致。

4.5　内爆载荷下聚脲涂覆结构防护机制

4.5.1　箱体底材在内爆载荷下的失效模式分析

半密闭箱体的失效机制，需从结构形式与受载状态两个角度进行分析。结构形式方面，与全封闭箱体相比，内爆载荷作用下两种结构中均存在爆炸冲击波的反射、叠加与汇聚等加载过程，由于半密闭箱体一侧空置，内爆载荷存在无阻挡的倾泄特征，使得加载的时间与强度要低于全封闭箱体。受载状态方面，各壁板厚度与材料相同且理想加载条件情况下，全封闭箱体对称部位受载所致的变形与破坏在理论上是一致的，而半密闭箱体中加载状态失衡，使得各壁板的变形与破坏有所不同。

在实际应用中，半封闭亦或全封闭的空间结构构造与载荷形成环境往往是复杂多变的，使得各壁板产生承载强弱之分，壁板的承载能力差异对结构的失效模式至关重要。通常而言，除近距离爆炸且加载强度足够一次破坏壁板外，对于具有一定持续性且存在空间累加的内爆加载，弱壁板的变形先于且程度高于强壁板，弱壁板整体的持续变形使得板面边缘受力增大，加之结构边角处因冲击波叠加与汇聚产生载荷倍增的因素，最终造成箱体结构在板面连接处产生破坏，因此内爆载荷下箱体结构的破坏一般发生于强弱衔接处。

对于试验所用半密闭箱体来说，箱体的卸爆作用与放置方式使得规格相同的钢质壁板产生强弱差异。具体而言，箱体开口朝侧、放置于地面，纵向方向因存在卸爆作用，使得箱体产生纵向前行运动，此时后壁板受载程度大幅降低；垂向方向因与地面完全接触，下壁板可视为刚性壁面，受载反弹后使得箱体产生垂向上升运动，此时上壁板受载程度大幅降低；横向方向无卸载与反弹作用，左右两壁板的受载程度最大化，对箱体整体会产生横向的拉伸作用。最终结果为，箱体在纵向与垂向载荷的共同作用下做向上的抛物线运动，爆炸产生的能量多转换为箱体的动能，对壁板的加载作用有限，而载荷的横向作用完全，是造成箱体失效的主要因素。可以看出，在此内爆载荷作用下，箱体的后壁板、下壁板与上壁板均为强板，左右两壁板则为弱板，强板与弱板的衔接位置为垂向的两条焊接连接处，即箱体最易产生破坏的位置。综上，箱体的失效模式可归纳如下：变形以横向拉伸、垂向压缩为主，破坏方式为垂向焊缝处形成破口，壁板变形是结构产生破口的原因之一。

4.5.2　聚脲涂层在内爆载荷下的失效模式分析

聚脲涂覆箱体结构中，软质与硬质聚脲分别以橡胶态与玻璃态进行响应，失效模式与空爆加载情况下相近。响应过程中，软质聚脲涂层依附于钢板，内爆面、外爆面涂层均未产生明显脱落，最终变形与壁板变形程度相同。当箱体焊缝处形成破口时，内爆面、外爆面涂层同样沿焊缝处撕裂，涂层破坏程度略低于钢板，但涂层与焊缝处破坏的先后顺序并不明显。相比软质聚脲涂层，硬质聚脲涂层会形成大面积的脆性破碎。聚脲材料类型与涂层位置对涂覆结构抗爆性能的影响，与空爆载荷作用下涂覆钢板结构所得结论具有一致性。

从箱体整体变形与破坏情况可以看出，无论是软质聚脲，还是硬质聚脲，内爆面或外爆面涂层均未改变箱体壁板变形、焊缝破坏的基本失效形式。箱体结构仍以产生壁板变形与焊缝破坏的方式进行吸能防护，聚脲涂层通过提高各壁板的抗变形能力，对箱体结构整体抗爆性能进行增强。

值得注意的是，聚脲涂覆钢板结构中，钢板从产生变形到形成破口是一个连续的过程，破坏是钢板塑性变形至强度极限后造成的结果，破口位置位于最大变形区域，因此聚脲涂覆钢板结构的抗变形能力与抗破坏能力具有一致性；然而，对于聚脲涂覆箱体结构，由于箱体结构的变形至破坏并非连续，因此箱体结构抗变形能力的增强并不意味着抗破坏性能也得到提高。

相反地，抗变形能力与抗破坏能力可能出现此消彼长的矛盾，例如工况 $3^{\#}\sim5^{\#}$ 中，相比无涂覆箱体，内爆面涂层对涂覆箱体的抗变形能力与抗破坏能力均有所提高，外爆面涂层虽然提高了涂覆箱体抗破坏能力，却明显加剧了上壁板等板面的变形程度，其原因在于：焊缝处的破口同样具有卸爆作用，当无法形成破口时，内爆载荷会增强对开口侧的作用，卸爆的同时加剧了开口侧壁板的变形。又如工况 $6^{\#}\sim$ $8^{\#}$ 中，相比无涂层箱体，内爆面涂覆箱体与外爆面涂覆箱体的抗变形能力均有大幅提高，但内爆面涂覆箱体的破口开裂程度却高于无涂覆箱体，其原因在于：增强后的壁板会提高箱体总体的卸载程度，在载荷增强情况下卸载的破口也随之扩大。

由此可以看出，抗变形能力与抗破坏能力的矛盾之处在于是否能够形成破口，可分为以下三种情况：①当无涂覆箱体仅变形时，聚脲涂层能够提高涂覆结构抗变形能力；②当无涂覆箱体变形且有破口时，箱体增设涂层后未能形成破口，聚脲涂层提高了涂覆结构抗破坏能力却降低了其抗变形能力；③当无涂覆箱体变形且有破口时，箱体增设涂层后仍能形成破口，聚脲涂层提高了涂覆结构抗变形能力却可能降低其抗破坏能力。当然，也存在聚脲涂覆箱体的抗变形能力与抗破坏能力同时提高的情况，例如 8#中的外爆面软质聚脲涂覆箱体与 10#中的外爆面硬质聚脲涂覆箱体。就总体而言，聚脲涂层通过局部增强各壁板的抗变形能力，对箱体结构整体的抗爆性能进行影响，虽然涂层可能对涂覆箱体的抗变形能力与抗破坏能力增减不一，但其综合抗爆性能得到明显提升，这种局部至整体抗爆防护的增强说明了聚脲涂覆结构的防护机理。

4.6　本章小结

本章开展了聚脲涂覆结构抗爆测试与性能评估试验研究，研究了不同爆炸载荷与涂覆类型下结构抗爆性能与防护机制，分析了不同聚脲材料与涂层位置对涂覆结构抗爆性能的影响规律，主要结论如下：

（1）试验结果表明：相等面密度条件下，软质涂层位于迎爆面时不能提高涂覆钢板抗变形性能；相等厚度底材条件下，软质涂层能够有效提高涂覆钢板抗破坏性能，且背爆面涂层抗爆性能提升效果高于迎爆面涂层；相等厚度底材条件下，硬质涂层对涂覆钢板抗爆性能提升同样是背爆面高于迎爆面，当涂层位于迎爆面时，硬质涂层次于软质涂层，而涂层位于背爆面时，硬质涂层优于软质涂层；相等厚度底材条件下，涂层材料与涂层位置对涂覆箱体抗内爆载荷性能的影响规律与涂覆钢板抗外爆载荷性能的影响规律相近。

（2）钢板在空爆载荷作用下的失效演变为塑性大变形、碟形剪切破坏、花瓣形破坏，局部的碟形剪切破坏为钢板临界破坏状态。相同厚度底材条件下，聚脲涂层能够通过自身吸能延缓钢板失效，特别地，迎爆面软质涂层能够影响载荷对钢板底材的作用过程，延缓钢板失效的同时使得碟形剪切破坏转变为顶部撕裂破坏。

（3）软质聚脲以橡胶态属性进行动态响应，迎爆面涂层受载区域产生明显的黏结失效与拉伸变形，中心区域形成圆形剪切破口，背爆面涂层中心区域产生剪切与撕裂破坏。硬质聚脲以玻璃态属性进行动态响应，涂层失效模式为脆性破碎，相比软质聚脲，硬质聚脲响应持续时间较短但涂层破坏范围却更大。迎爆面涂覆钢板抗爆性能高于背爆面涂覆钢板的结论符合波阻抗失配对应力波传播的影响规律。

（4）箱体结构在内爆载荷作用下的失效模式为壁板产生变形、焊缝处产生破口，硬质聚脲形成大范围脆性破碎，软质聚脲对箱体的黏附性较好。相等厚度底材条件下，聚脲涂层对壁板抗变形能力的增强会加剧焊缝处破坏，对箱体抗破坏能力的增强会加剧壁板塑性变形，整体上能够提高箱体结构抗内爆载荷的性能。

第 5 章　总结与展望

5.1　总结与结论

本书的聚脲涂覆结构抗弹抗爆防护性能与机制研究，是以水面舰船目标在战斗部爆炸效应下的轻量化防护需求为研究背景，在对国内外聚脲抗弹防护与抗爆防护研究现状进行归纳与分析的基础上确立了主要研究内容，即在战斗部爆炸效应产生的弹体侵彻与爆炸冲击波加载的两种作用形式下，对聚脲涂层与钢质底材所组成涂覆结构的抗弹性能与抗爆防护，开展了理论分析研究、试验测试研究与性能评估研究，分为聚脲涂层防护机理及制备与评估研究，聚脲涂覆结构抗弹防护性能与机制研究，以及聚脲涂覆结构抗爆防护性能与机制研究三个部分，本书具体的实践研究工作集中在后两部分。聚脲涂覆结构抗弹抗爆防护性能与机制研究的内容总结如下：

（1）设计了贴近实际工况的加载形式：立方体弹体通过弹道枪发射模拟战斗部壳体爆炸破碎形成的飞散破片，对靶板的撞击速度可调可控可测试；炸药装药通过近距离引爆产生爆炸冲击波，外置于靶板形成外爆载荷，内置于靶箱形成内爆载荷。

（2）设计了便于工程应用的靶板结构：涂层材料分为软质聚脲与硬质聚脲两种类型，两者力学性能、失效模式与防护机制差异显著；复合形式依据相等厚度底材与相等面密度两种原则；按照无涂覆结构与涂覆结构的不同形成多类防护对比。

（3）进行了聚脲涂覆结构抗弹性能研究：包括软质聚脲涂覆钢板抗高速弹体侵彻试验研究，软质聚脲涂覆钢板抗低速弹体侵彻试验研究，硬质聚脲涂覆钢板抗低速弹体侵彻试验研究，以及软质聚脲涂覆钢板抗低速弹体侵彻数值仿真研究。

（4）进行了聚脲涂覆结构抗爆性能研究：包括软质聚脲涂覆钢板抗变形试验研

究，软质聚脲涂覆钢板抗破坏试验研究，硬质聚脲涂覆钢板抗破坏试验研究，软质聚脲涂覆箱体抗内爆载荷试验研究，以及硬质聚脲涂覆箱体抗内爆载荷试验研究。

（5）得到了抗弹抗爆试验测试结果：抗弹性能研究获得了与速度相关的弹道极限与剩余速度，分析了能量相关的极限比吸收能与面密度吸收能；抗爆性能研究获得了与变形相关的中心挠度与平面度，对比了与破坏相关的变形程度与破口大小。

（6）得到了防护性能与机制的结论：聚脲涂层能够提高钢质底材的抗弹性能与抗爆性能，弹体侵彻下涂层表现出转变效应、速度效应、厚度效应以及宏观与微观失效差异，爆炸加载下涂层失效吸能对钢板与箱体的结构性响应的影响明显。

研究立足于装甲防护应用，采用聚脲涂覆钢板的复合结构，实现战斗部爆炸效应下的轻量化防护，开展聚脲涂覆结构的抗弹性能试验与抗爆性能试验，依靠大量的试验数据作为基础，得到了关于聚脲涂覆结构抗弹抗爆防护性能与防护机制的防护应用技术如下：

（1）聚脲作为防护涂层，能够有条件地实现并兼顾对涂覆结构抗弹性能与抗爆性能的防护增强，关联于载荷形式、底材类型、聚脲材料、涂层位置以及涂层厚度等诸多因素，分别对应于聚脲防护增强的作用环境、防护基础、响应机理、机理强化以及效果优化。

（2）弹体侵彻与爆炸冲击波作用的加载应变率存在明显的量级差异，聚脲涂层分别产生以应变率效应为主的抗弹防护机制和以波阻抗效应为主的抗爆防护机制，同时高速弹体侵彻与低速弹体侵彻试验，空爆载荷作用与内爆载荷作用试验的结论有一致性。

（3）装甲底材与聚脲涂层分别决定了复合结构的基础防护与增强防护能力，涂层应在避免对底材防护机制产生抑制作用的前提下进行等效替代或附加增强，聚脲涂覆钢板抗弹防护中涂层对钢板失效的影响有限，而抗爆防护中涂层能够延迟钢板失效或改变失效模式。

（4）聚脲的材料性能决定了载荷作用下涂层的基本响应形式，软质聚脲与硬质聚脲分别以橡胶态与玻璃态进行动态响应，软质聚脲呈现出明显的压剪与拉伸等失效模式，硬质聚脲则表现为脆性破碎，同时弹体快速压缩条件下利于软质涂层形成玻璃化转变效应。

（5）涂层位置是确定载荷与底材后的首要考虑因素，抗弹防护中迎弹面涂层在背部钢板支承作用下完成高应变率环境下的高效吸能，并且产生横向扰动而提高吸能总量；抗爆防护中背爆面涂层完成冲击波在层间的降幅传播，软质涂层良好的附着性有助于持续吸能。

（6）涂层厚度应根据应用需求进行合理设置，单一载荷时迎弹面涂层与背爆面涂层均存在一最佳厚度，使其吸能效率最大并高于钢板底材，且硬质涂层吸能效果高于软质涂层，多重载荷时硬质涂层仅限于迎弹/爆面，而软质涂层应按照吸能效率分配双面涂层厚度。

5.2　创新点

本书对聚脲涂覆结构的抗弹抗爆防护性能与机制研究，是以应用实践为主要目的而开展的聚脲涂覆结构性能评估与机制分析工作，内容的创新点主要在于提出并验证了多种载荷类型条件下，多种类型聚脲涂层的涂覆结构防护性能测试与评估方法，包括：

（1）首次开展了内爆载荷作用下聚脲涂覆箱体结构抗爆防护试验研究，可为相关防护应用提供指导。

（2）首次提出并使用了平面度概念衡量抗变形能力，可以较好地体现防护结构的抗爆性能。

（3）引入了高硬度、低伸长率的硬质聚脲为防护结构涂层，验证了其脆性破碎的吸能有效性。

（4）对比了材料力学属性不同的软质、硬质聚脲两类材料对涂覆结构的抗弹抗爆性能影响规律，提出了两种材料作为防护涂层的使用原则。

5.3　工作展望

本书对聚脲涂覆结构的抗弹抗爆防护性能与机制研究，是以爆炸效应下的双重防护，钢质底材的轻量化防护，聚脲涂层的增强防护为重点的试验研究工作，虽然取得一些研究成果，仍然有很多方面值得进一步探讨和完善。

（1）本书所用涂层材料为商业型聚脲产品，在达到良好工程应用效果的基础上，多种加载条件下的材料力学特性以及复合结构的理论建模有待进一步研究。基于试验结果，仅开展了软质聚脲涂覆结构抗弹体侵彻数值仿真，对于软质聚脲涂覆结构抗爆与硬质聚脲涂覆结构抗弹抗爆数值仿真需要进一步完善。

（2）进一步完善聚脲涂层防护应用技术，扩大聚脲涂覆结构抗弹抗爆的研究范围，包括采用陶瓷材料等多种装甲底材的防护研究，不同聚脲涂层组合使用等多种结构形式的防护研究，石墨烯改性等多种增强型涂层的防护研究，以及破片与冲击波联合作用、聚能破甲等多种毁伤的防护研究等。

（3）以纳入防护材料谱系为标准，推进聚脲涂覆结构抗弹抗爆测试与评估方法标准化的研究，包括完善聚脲材料层面的衔接性研究，聚脲力学层面的指导性研究，聚脲工程层面的交叉性研究，适用范围广泛的数值仿真等辅助性研究，以及能够兼容毁伤评估系统与数据库的建设性研究等。

参 考 文 献

[1] 尹建平, 王志军. 弹药学[M]. 北京: 北京理工大学出版社, 2014.

[2] 王树山. 终点效应学[M]. 2 版. 北京: 科学出版社, 2019.

[3] 曹贺全, 孙葆森, 徐龙堂, 等. 装甲防护技术研究[M]. 北京: 北京理工大学出版社, 2019.

[4] 曾毅, 赵宝荣. 装甲防护材料技术[M]. 北京: 国防工业出版社, 2014.

[5] 唐磊, 杜仕. 轻量化材料技术[M]. 北京: 国防工业出版社, 2014.

[6] MOHOTTI D, NGO T, MENDIS P, et al. Polyurea coated composite aluminium plates subjected to high velocity projectile impact [J]. Materials and Design, 2013, 52: 1-16.

[7] MOHOTTI D, NGO T, RAMAN S N, et al. Analytical and numerical investigation of polyurea layered aluminium plates subjected to high velocity projectile impact [J]. Materials and Design, 2015, 82: 1-17.

[8] CAI L G, AL-OSTAZ A, LI X B, et al. Protection of steel railcar tank containing liquid chlorine from high speed impact by using polyhedral oligomeric silsesquioxane-enhanced polyurea [J]. International Journal of Impact Engineering, 2015, 75:1-10.

[9] GILLER C B, GAMACHE R M, WAHL K J, et al. Coating/substrate interaction in elastomer-steel bilayer armor [J]. Journal of Composite Materials, 2016, 50: 2853-2859.

[10] ROLAND C M, FRAGIADAKIS D, GAMACHE R M, et al. Factors influencing the ballistic impact resistance of elastomer-coated metal substrates [J]. Philosophical Magazine A, 2013, 93(5): 468-477.

[11] ROLAND C M, FRAGIADAKIS D, GAMACHE R M. Elastomer-steel laminate armor [J]. Composite Structures, 2010, 92(5): 1059-1064.

[12] GAMACHE R M, GILLER C B, MONTELLA G, et al. Elastomer-metal laminate armor [J]. Materials and Design, 2016, 111: 362-368.

[13] BOGOSLOVOV R B, ROLAND C M, GAMACHE R M. Impact-induced glass transition in elastomeric coatings [J]. Apply Physics Letters, 2007, 90: 2219-2223.

[14] GRUJICIC M, PANDURANGAN B, HE T, et al. Computational investigation of impact energy absorption capability of polyurea coatings via deformation-induced glass transition [J]. Materials Science & Engineering A, 2010, 527(29): 7741-7751.

[15] XUE L, MOCK W, BELYTSCHKO T. Penetration of DH-36 steel plates with and without polyurea coating [J]. Mechanics of Materials, 2010, 42(11): 981-1003.

[16] EL S T, MOCK W, MOTA A, et al. Computational assessment of ballistic impact on a high strength structural steel/polyurea composite plate [J]. Computational Mechanics, 2009, 43(4): 525-534.

[17] MOHOTTI D, NGO T, RAMAN S N, et al. Plastic deformation of polyurea coated composite aluminium plates subjected to low velocity impact [J]. Materials and Design, 2014, 56: 696-713.

[18] JIANG Y X, ZHANG B Y, WEI J S, et al. Study on the impact resistance of polyurea -steel composite plates to low velocity impact [J]. International Journal of Impact Engineering, 2019, 133: 103357.

[19] GHEZZO F, MIAO X G, JI C L, et al. Compressive behavior of a polyurea elastomer [J]. Advanced Materials Research, 2014, 900: 7-10.

[20] RAMAN S N, NGO T, LU J, et al. Experimental investigation on the tensile behavior of polyurea at high strain rates [J]. Materials and Design, 2013, 50:124-129.

[21] ROLAND C M, TWIGG J N, VU Y, et al. High strain rate mechanical behavior of

polyurea [J]. Polymer, 2007, 48(2): 574-578.

[22] WANG H, DENG X M, WU H J, et al. Investigating the dynamic mechanical behaviors of polyurea through experimentation and modeling [J]. Defence Technology, 2019, 15(6): 875-884.

[23] MIAO Y G, ZHANG H N, HE H, et al. Mechanical behaviors and equivalent configuration of a polyurea under wide strain rate range [J]. Composite Structures, 2019, 222: 110923.

[24] SHIM J, MOHR D. Using split Hopkinson pressure bars to perform large strain compression tests on polyurea at low, intermediate and high strain rates [J]. International Journal of Impact Engineering, 2009, 36(9): 1116-1127.

[25] YI J, BOYCE M C, LEE G F, et al. Large deformation rate-dependent stress-strain behavior of polyurea and polyurethanes [J]. Polymer, 2006, 47(1): 319-329.

[26] SARVA S S, DESCHANEL S, BOYCE M C, et al. Stress-strain behavior of a polyurea and a polyurethane from low to high strain rates [J]. Polymer, 2007, 48(8): 2208-2213.

[27] LI C Y, LUA J. A hyper-viscoelastic constitutive model for polyurea [J]. Materials Letters, 2009, 63(11): 877-880.

[28] GAMONPILAS C, MCCUISTON R. A non-linear viscoelastic material constitutive model for polyurea [J]. Polymer, 2012, 53(17): 3655-3658.

[29] SHIM J, MOHR D. Rate dependent finite strain constitutive model of polyurea [J]. International Journal of Plasticity, 2011, 27(6): 868-886.

[30] MOHOTTI D, ALI M, NGO T, et al. Strain rate dependent constitutive model for predicting the material behaviour of polyurea under high strain rate tensile loading [J]. Materials and Design, 2014, 53: 830-837.

[31] NANTASETPHONG W, AMIRKHIZI A V, NEMAT-NASSER S. Constitutive modeling and experimental calibration of pressure effect for polyurea based on free

volume concept [J]. Polymer, 2016, 99: 771-781.

[32] GUO H, GUO W G, AMIRKHIZI A V. Constitutive modeling of the tensile and compressive deformation behavior of polyurea over a wide range of strain rates [J]. Construction and Building Materials, 2017, 150: 851-859.

[33] GUO H, GUO W G, AMIRKHIZI A V, et al. Experimental investigation and modeling of mechanical behaviors of polyurea over wide ranges of strain rates and temperatures [J]. Polymer Testing, 2016, 53: 234-244.

[34] LAXMI, KHAN S, ZAFAR F, et al. Development of coordination polyureas derived from amine terminated polyurea and metal ions having 'd', 'd', 'd' and 'd' orbitals: From synthesis to applications [J]. Spectrochimica Acta Part A: Molecular and Biomolecular Spectroscopy, 2019, 219: 552-568.

[35] JIANG S, CHENG H Y, SHI R H, et al. Direct synthesis of polyurea thermoplastics from CO_2 and diamines [J]. ACS Applied Materials & Interfaces, 2019, 11(50): 47413-47421.

[36] LI T, ZHANG C, XIE Z N, et al. A multi-scale investigation on effects of hydrogen bonding on micro-structure and macro-properties in a polyurea [J]. Polymer, 2018, 145: 261-271.

[37] IQBAL N, TRIPATHI M, PARTHASARATHY S, et al. Polyurea spray coatings: Tailoring material properties through chemical crosslinking [J]. Progress in Organic Coatings, 2018, 123: 201-208.

[38] LI T, XIE Z N, XU J, et al. Design of a self-healing cross-linked polyurea with dynamic cross-links based on disulfide bonds and hydrogen bonding [J]. European Polymer Journal, 2018, 107: 249-257.

[39] LI T, ZHENG T Z, HAN J R, et al. Effects of diisocyanate structure and disulfide chain extender on hard segmental packing and self-healing property of polyurea elastomers [J]. Polymers, 2019, 11(5): 838.

[40] ASLAM T D, GUSTAVSEN R L, BARTRAM B D. An equation of state for polyurea aerogel based on multi-shock response [J]. Journal of Physics Conference Series, 2014, 500(3): 032001.

[41] WEIGOLD L, REICHENAUER G. Correlation between the elastic modulus and heat transport along the solid phase in highly porous materials: Theoretical approaches and experimental validation using polyurea aerogels [J]. Journal of Supercritical Fluids, 2015, 106: 69-75.

[42] DESPOINA C, GRIGORIOS R, MARIA P, et al. Millimeter-size spherical polyurea aerogel beads with narrow size distribution [J]. Gels, 2018, 4(3): 4030066.

[43] WU C L, TAGHVAEE T, WEI C J, et al. Multi-scale progressive failure mechanism and mechanical properties of nanofibrous polyurea aerogels [J]. Soft Matter, 2018, 14: 7801- 7808.

[44] WU X L, WU Y, ZOU W B, et al. Synthesis of highly cross-linked uniform polyurea aerogels [J]. Journal of Supercritical Fluids, 2019, 151: 8-14.

[45] RAMIREZ B J, GUPTA V. Evaluation of novel temperature-stable viscoelastic polyurea foams as helmet liner materials [J]. Materials and Design, 2018, 137: 298-304.

[46] REED N, HUYNH N U, ROSENOW B, et al. Synthesis and characterization of elastomeric polyurea foam [J]. Journal of Applied Polymer Science, 2019, 137: 48839.

[47] DAVIDSON J, PORTER J, DINAN R, et al. Explosive testing of polymer retrofit masonry walls [J]. Journal of Performance of Constructed Facilities, 2004, 18(2): 100-106.

[48] DAVIDSON J S, FISHER J W, HAMMONS M I, et al. Failure mechanisms of polymer- reinforced concrete masonry walls subjected to blast [J]. Journal of Structural Engineering, 2005, 131(8): 1194-1205.

[49] RAMAN S N, NGO T, MENDIS P. Elastomeric polymers for retrofitting of reinforced concrete structures against the explosive effects of blast [J]. Advances in Materials Science and Engineering, 2012, 2012: 754142.

[50] IQBAL N, SHARMA P K, KUMAR D, et al. Protective polyurea coatings for enhanced blast survivability of concrete [J]. Construction and Building Materials, 2018, 175: 682-690.

[51] HA J H, YI N H, CHOI J K, et al. Experimental study on hybrid CFRP-PU strengthening effect on RC panels under blast loading [J]. Composite Structures, 2011, 93(8): 2070- 2082.

[52] SHI S Q, LIAO Y, PENG X Q, et al. Behavior of polyurea-woven glass fiber mesh composite reinforced RC slabs under contact explosion [J]. International Journal of Impact Engineering, 2019, 132: 103335.

[53] ZHOU H Y, ATTARD T L, DHIRADHAMVIT K, et al. Crashworthiness characteristics of a carbon fiber reinforced dual-phase epoxy-polyurea hybrid matrix composite [J]. Composites Part B: Engineening, 2015, 71: 17-27.

[54] ATTARD T L, HE L, ZHOU H Y. Improving damping property of carbon-fiber reinforced epoxy composite through novel hybrid epoxy-polyurea interfacial reaction [J]. Composites Part B: Engineering, 2019, 164: 720-731.

[55] LEBLANC J, SHILLINGS C, GAUCH E, et al. Near field underwater explosion response of polyurea coated composite plates [J]. Experimental Mechanics, 2016, 56(4): 569-581.

[56] LEBLANC J, GARDNER N, SHUKLA A. Effect of polyurea coatings on the response of curved E-Glass/Vinyl ester composite panels to underwater explosive loading [J]. Composites Part B: Engineering, 2013, 44(1): 565-574.

[57] GAUCH E, LEBLANC J, SHUKLA A. Near field underwater explosion response of polyurea coated composite cylinders [J]. Composite Structures, 2018, 202: 836-852.

[58] TEKALUR S A, SHUKLA A, SHIVAKUMAR K. Blast resistance of polyurea based layered composite materials [J]. Composite Structures, 2008, 84(3): 271-281.

[59] HUI T, OSKAY C. Computational modeling of polyurea-coated composites subjected to blast loads [J]. Journal of Composite Materials, 2012, 46(18): 2167-2178.

[60] GRUJICIC M, BELL W C, PANDURANGAN B, et al. Blast-wave impact-mitigation capability of polyurea when used as helmet suspension-pad material [J]. Materials and Design, 2010, 31(9): 4050-4065.

[61] HARIS A, LEE H P, TAN V B C. An experimental study on shock wave mitigation capability of polyurea and shear thickening fluid based suspension pads [J]. Defence Technology, 2018, 14(1): 14-20.

[62] GRUJICIC M, RAMASWAMI S, SNIPES J S, et al. Experimental and computational investigations of the potential improvement in helmet blast-protection through the use of a polyurea-based external coating [J]. Multidiscipline Modeling in Materials and Structures, 2016, 12(1): 33-72.

[63] ACKLAND K, ANDERSON C, NGO T D. Deformation of polyurea-coated steel plates under localised blast loading [J]. International Journal of Impact Engineering, 2013, 51: 13-22.

[64] AMINI M R, ISAACS J B, NEMAT-NASSER S. Experimental investigation of response of monolithic and bilayer plates to impulsive loads [J]. International Journal of Impact Engineering, 2010, 37(1): 82-89.

[65] AMINI M R, ISAACS J B, NEMAT-NASSER S. Investigation of effect of polyurea on response of steel plates to impulsive loads in direct pressure-pulse experiments [J]. Mechanics of Materials, 2010, 42(6): 628-639.

[66] AMINI M R, SIMON J, NEMAT-NASSER S. Numerical modeling of effect of polyurea on response of steel plates to impulsive loads in direct pressure-pulse

experiments [J]. Mechanics of Materials, 2010, 42(6): 615-627.

[67] AMINI M R, AMIRKHIZI A V, NEMAT-NASSER S. Numerical modeling of response of monolithic and bilayer plates to impulsive loads [J]. International Journal of Impact Engineering, 2010, 37(1): 90-102.

[68] HOU H L, CHEN C H, CHENG Y S, et al. Effect of structural configuration on air blast resistance of polyurea-coated composite steel plates: Experimental studies [J]. Materials and Design, 2019, 182: 1080949.

[69] LI Y Q, CHEN C H, HOU H L, et al. The influence of spraying strategy on the dynamic response of polyurea-coated metal plates to localized air blast loading: Experimental investigations [J]. Polymers, 2019, 11: 1888.

[70] DAI L H, WU C, AN F J, et al. Experimental investigation of polyurea-coated steel plates at underwater explosive loading [J]. Advances in Materials Science and Engineering, 2018, 2018: 1264276.

[71] LI Y, CHEN Z H, ZHAO T, et al. An experimental study on dynamic response of polyurea coated metal plates under intense underwater impulsive loading [J]. International Journal of Impact Engineering, 2019, 133: 103361.

[72] NANTASETPHONG W, JIA Z, AMIRKHIZI A V, et al. Dynamic properties of polyurea-milled glass composites Part I: Experimental characterization [J]. Mechanics of Materials, 2016, 98: 142-153.

[73] NANTASETPHONG W, AMIRKHIZI A V, JIA Z, et al. Dynamic properties of polyurea-milled glass composites part II: Micromechanical modeling [J]. Mechanics of Materials, 2016, 98: 111-119.

[74] JIA Z Z, AMIRKHIZI A V, NANTASETPHONG W, et al. Experimentally-based relaxation modulus of polyurea and its composites [J]. Mechanics of Time-Dependent Materials, 2016, 20(2): 155-174.

[75] CAREY N L, MYERS J J. Discrete fiber reinforced polyurea for hazard mitigation

[C]. Proceeding of the 5th International Conference on FRP Composites in Civil Engineering(CICE 2010). Beijing: Tsinghua University Press, 2010: 81-84.

[76] 陈建桥. 复合材料力学[M]. 武汉: 华中科技大学出版社, 2016.

[77] VELDMAN R, ARIGUR J, PANAGGIO M. Lightweight mitigating materials for structures under close-in blast loading [C]. 50th AIAA/ASME/ASCE/AHS/ASC Structures, Structural Dynamics and Materials Conference. Colifornia: The American Institute of Aeronautics and Astronautics, 2009: 092407.

[78] CHEN K Y, LAI Y S, YOU J K, et al. Effective anticorrosion coatings prepared from sulfonated electroactive polyurea [J]. Polymer, 2019, 166: 98-107.

[79] MARLIN P, CHAHINE G L. Erosion and heating of polyurea under cavitating jets [J]. Wear, 2018, 414-415: 262-274.

[80] FENG L Q, IROH J O. Corrosion resistance and lifetime of polyimide-b-polyurea novel copolymer coatings [J]. Progress in Organic Coatings, 2014, 77(3): 590-599.

[81] KOMURLU E, KESIMAL A. Improved performance of rock bolts using sprayed polyurea coating [J]. Rock Mechanics and Rock Engineering, 2015, 48(5): 2179-2182.

[82] AWAD W H, WILKIE C A. Investigation of the thermal degradation of polyurea: The effect of ammonium polyphosphate and expandable graphite [J]. Polymer, 2010, 51(11): 2277-2285.

[83] QIAN X D, SONG L, WANG B B, et al. Synthesis of organophosphorus modified nanoparticles and their reinforcements on the fire safety and mechanical properties of polyurea [J]. Materials Chemistry and Physics, 2013, 139: 443-449.

[84] CHE K Y, LYU P, WAN F, et al. Investigations on aging behavior and mechanism of polyurea coating in marine atmosphere [J]. Materials, 2019, 12(21): 3636.

[85] YOUSSEF G, WHITTEN I. Dynamic properties of ultraviolet-exposed polyurea [J]. Mechanics of Time-Dependent Materials, 2017, 21(3): 351-363.

[86] SHAIK A M, HUYNH N U, YOUSSEF G. Micromechanical behavior of ultraviolet-exposed polyurea [J]. Mechanics of Materials, 2020, 140: 103244.

[87] YOUSSEF G, BRINSON J, WHITTEN I. The effect of ultraviolet radiation on the hyperelastic behavior of polyurea [J]. Journal of Polymers and the Environment, 2018, 26: 183-190.

[88] WHITTEN I, YOUSSEF G. The effect of ultraviolet radiation on ultrasonic properties of polyurea [J]. Polymer Degradation and Stability, 2016, 123: 88-93.

[89] MAUCHIEN T K, LIECHTI K M. A fracture analysis of cathodic delamination at polyurea/ steel interfaces [J]. International Journal of Adhesion and Adhesives, 2014, 51: 23-31.

[90] 戴平仁. 聚脲弹性体喷涂加固复合结构抗爆性能研究[D]. 南京: 南京理工大学, 2018.

[91] 朱学亮. 聚脲金属复合结构抗冲击防护性能研究[D]. 北京: 北京理工大学, 2016.

[92] 宋彬. 聚脲弹性体夹层防爆罐抗爆性能研究[D]. 南京: 南京理工大学, 2016.

[93] 蔡桂杰. 弹性体涂覆钢筋混凝土板抗爆作用设计方法研究[D]. 太原: 中北大学, 2015.

[94] 许帅. 聚脲弹性体复合结构抗冲击防护性能研究[D]. 北京: 北京理工大学, 2015.

[95] 吴冲. 玻璃纤维/聚脲复合材料的微观结构与力学性能研究[D]. 哈尔滨: 哈尔滨工业大学, 2013.

[96] 张鹏, 赵鹏铎, 王志军, 等. 高硬度聚脲涂层抗侵性能与断裂机制研究[J]. 爆炸与冲击, 2019, 39(1): 101-110.

[97] 张鹏, 王志军, 赵鹏铎, 等. 聚脲弹性体涂覆结构抗侵性能与层间作用机制研究[J]. 北京理工大学学报, 2019, 39(4): 337-342, 358.

[98] ZHANG P, WANG Z J, ZHAO P D, et al. Experimental investigation on ballistic

resistance of polyurea coated steel plates subjected to fragment impact [J]. Thin-Walled Structures, 2019, 144: 106342.

[99] 黄阳洋. 聚脲涂层复合结构抗破片侵彻机理研究[D]. 太原: 中北大学, 2018.

[100] 贾子健. 强动载荷下聚脲涂覆钢复合结构防护效应研究[D]. 太原: 中北大学, 2019.

[101] 赵鹏铎, 贾子健, 王志军, 等. 高硬度聚脲涂覆 FRC 复合结构抗冲击性能试验分析[J]. 中国舰船研究, 2019, 14(4): 7-13.

[102] 赵鹏铎, 张鹏, 张磊, 等. 聚脲涂覆钢板结构抗爆性能试验研究[J]. 北京理工大学学报, 2018, 38(2): 118-123.

[103] SAMIEE A, AMIRKHIZI A V, NEMAT-NASSER S. Numerical study of the effect of polyurea on the performance of steel plates under blast loads [J]. Mechanics of Materials, 2013, 64: 1-10.

[104] TRAN P, NGO T D, GHAZLAN A. Numerical modelling of hybrid elastomeric composite panels subjected to blast loadings [J]. Composite Structures, 2016, 153: 108-122.

[105] IQBAL N, TRIPATHI M, PARTHASARTHY S, et al. Polyurea coatings for enhanced blast-mitigation: A review [J]. RSC Advances, 2016, 6: 109706.

[106] SHIM J, MOHR D. Punch indentation of polyurea at different loading velocities: Experiments and numerical simulations [J]. Mechanics of Materials, 2011, 43(7): 349-360.

[107] YOUSSEF G, GUPTA V. Resonance in polyurea-based multilayer structures subjected to laser-generated stress waves [J]. Experimental Mechanics, 2013, 53(2): 145-154.

[108] RANSOM T C, AHART M, HEMLEY R J, et al. Vitrification and density scaling of polyurea at pressures up to 6 GPa [J]. Macromolecules, 2017, 50: 8274-8278.

[109] MOTT P H, GILLER C B, FRAGIADAKIS D, et al. Deformation of polyurea:

Where does the energy go? [J]. Polymer, 2016, 105: 227-233.

[110] YOUSSEF G, GUPTA V. Dynamic response of polyurea subjected to nanosecond rise-time stress waves [J]. Mechanics of Time-Dependent Materials, 2012, 16(3): 317-328.

[111] ROLAND C M, CASALINI R. Effect of hydrostatic pressure on the viscoelastic response of polyurea [J]. Polymer, 2007, 48(19): 5747-5752.

[112] RIJENSKY O, RITTEL D. Polyurea coated aluminum plates under hydrodynamic loading: Does side matter? [J]. International Journal of Impact Engineering, 2016, 98: 1-12.

[113] LI T, ZHANG C, XIE Z N, et al. A multi-scale investigation on effects of hydrogen bonding on micro-structure and macro-properties in a polyurea [J]. Polymer, 2018, 145: 261-271.

[114] QIAO J, AMIRKHIZI A V, SCHAAF K, et al. Dynamic mechanical and ultrasonic properties of polyurea [J]. Mechanics of Materials, 2011, 43(10): 598-607.

[115] BAHEI-EL-DIN Y A, DVORAK G J, FREDRICKSEN O J. A blast-tolerant sandwich plate design with a polyurea interlayer [J]. International Journal of Solids and Structures, 2006, 43(25): 7644-7658.

[116] BAHEI-EL-DIN Y A, DVORAK G J. Behavior of sandwich plates reinforced with polyurethane/polyurea interlayers under blast loads [J]. Journal of Sandwich Structures and Materials, 2007, 9: 261-281.

[117] GARDNER N, WANG E, KUMAR P, et al. Blast Mitigation in a sandwich composite using graded core and polyurea interlayer [J]. Experimental Mechanics, 2012, 52(2): 119-133.

[118] GRUJICIC M, SNIPES J S, RAMASWAMI S. Ballistic impact behavior of nacre-like laminated composites consisting of B4C tablets and polyurea matrix [J]. Journal of Materials Engineering and Performance, 2016, 25(3): 977-994.

[119] JAIN A, GUPTA V. Construction and characterization of stainless steel/polyurea/E-glass composite joints [J]. Mechanics of Materials, 2012, 46: 16-22.

[120] KIM H, CITRON J, YOUSSEF G, et al. Dynamic fracture energy of polyurea-bonded steel/E-glass composite joints [J]. Mechanics of Materials, 2012, 45: 10-19.

[121] JAIN A, YOUSSEF G, GUPTA V. Dynamic tensile strength of polyurea-bonded steel/E-glass composite joints [J]. Journal of Adhesion Science and Technology, 2013, 27(4): 403-412.

[122] GRUJICIC M, PANDURANGAN B, D'ENTREMONT B. The role of adhesive in the ballistic/structural performance of ceramic/polymer-matrix composite hybrid armor [J]. Materials and Design, 2012, 41:380-393.

[123] GRUJICIC M, D'ENTREMONT B P, PANDURANGAN B, et al. Concept-level analysis and design of polyurea for enhanced blast-mitigation performance [J]. Journal of Materials Engineering and Performance, 2012, 21(10): 2024-2037.

[124] GRUJICIC M, PANDURANGAN B, BELL W C, et al. Molecular-level simulations of shock generation and propagation in polyurea [J]. Materials Science & Engineering A, 2011, 528(10): 3799-3808.

[125] GRUJICIC M, YAVARI R, SNIPES J S, et al. Molecular-level computational investigation of shock-wave mitigation capability of polyurea [J]. Journal of Materials Science, 2012, 47(23): 8197-8215.

[126] GRUJICIC M, PANDURANGAN B, KING A E, et al. Multi-length scale modeling and analysis of microstructure evolution and mechanical properties in polyurea [J]. Journal of Materials Science, 2011, 46(6): 1767-1779.

[127] PANGON A, DILLON G P, RUNT J. Influence of mixed soft segments on microphase separation of polyurea elastomers [J]. Polymer, 2014, 55(7): 1837-1844.

[128] CHOI T, FRAGIADAKIS D, ROLAND C M, et al. Microstructure and segmental dynamics of polyurea under uniaxial deformation [J]. Macromolecules, 2012, 45(8): 3581-3589.

[129] PATHAK J A, TWIGG J N, NUGENT K E, et al. Structure Evolution in a polyurea segmented block copolymer because of mechanical deformation [J]. Macromolecules, 2008, 41(20): 7543-7548.

[130] LIU M H, OSWALD J. Coarse–grained molecular modeling of the microphase structure of polyurea elastomer [J]. Polymer, 2019, 176: 1-10.

[131] HEYDEN S, ORTIZ M, FORTUNELLI A. All-atom molecular dynamics simulations of multiphase segregated polyurea under quasistatic uniaxial compression [J]. Polymer, 2016, 106: 100-108.

[132] 魏无际, 俞强, 崔益华. 高分子化学与物理基础[M]. 2 版. 北京: 化学工业出版社, 2011.

[133] CAI D Y, SONG M. High mechanical performance polyurea/organoclay nanocomposites [J]. Composites Science and Technology, 2014, 103: 44-48.

[134] AKL W, NOUH M, ALDRAIHEM O, et al. Energy dissipation characteristics of polyurea and polyurea/carbon black composites [J]. Mechanics of Time-Dependent Materials, 2019(23): 223-247.

[135] TOADER G, RUSEN E, TEODORESCU M, et al. New polyurea MWCNTs nanocomposite films with enhanced mechanical properties [J]. Journal of Applied Polymer Science, 2017, 134(28): 45061.

[136] QIAO J, AMIRKHIZI A V, NEMAT-NASSER S. Effect of particle size on the properties of polyurea-based composites [C]. Behavior and Mechanics of Multifunctional Materials and Composites. San Diego: Society of Photo-Optical Instrumentation Engineers, 2015.

[137] QIAO J, WU G H. Tensile properties of fly ash/polyurea composites [J]. Materials

and Design, 2016, 89(11): 264-272.

[138] 黄微波. 喷涂聚脲弹性体技术[M]. 北京: 化学工业出版社, 2005.

[139] 刘厚钧. 聚氨酯弹性体手册[M]. 2 版. 北京: 化学工业出版社, 2012.

[140] 任杰, 徐豫新, 王树山. 超高强度平头圆柱形弹体对低碳合金钢板的高速撞击实验[J]. 爆炸与冲击, 2017, 37(4): 629-636.

[141] REN J, XU Y X, LIU J X, et al. Effect of strength and ductility on anti-penetration performance of low-carbon alloy steel against blunt-nosed cylindrical projectiles [J]. Materials Science and Engineering: A, 2017, 682: 312-322.

[142] REN J, XU Y X, ZHAO X X, et al. Dynamic mechanical behaviors and failure thresholds of ultra-high strength low-alloy steel under strain rate 0.001 /s to 10^6 /s [J]. Materials Science and Engineering: A, 2018, 719: 178-191.

[143] 王礼立. 应力波基础[M] . 2 版. 北京: 国防工业出版社, 2005.

[144] 余同希, 邱信明. 冲击动力学[M]. 北京: 清华大学出版社, 2011.